停止你的
精神内耗

先完成，再完美

哈佛心理学学者

［美］刘轩 著

湖南文艺出版社
HUNAN LITERATURE AND ART PUBLISHING HOUSE

博集天卷
CS-BOOKY

目 录

Chapter 1
如何巧妙处理人际关系？

不必要或过度的内疚感可能成为心理负担，干扰你的情绪和生活质量。

将自己的生活掌握在自己手中，我们要训练自己培养懂得说"不"的心态。

CONTENTS

Chapter 2
倾听内心的声音

情绪波动就像是你生活的背景，

好好地面对它，

它可以变成你人生当中精彩的画布。

CONTENTS

Chapter 3

改变自己，从今天开始

聪明的人，

不是从不犯错，

而是懂得如何从错误中捕捉最高的经验值。

序

献给一直想给自己一点时间，
却又一直没时间的你

过去这几年，我最常听到的抱怨就是："时间都到哪儿去了?！"

也许是因为到了某个年岁，上有老，下有小，自己也还在打拼，所以能够自由支配的时间越来越少。

这点我完全能理解。但或许不是因为年岁，而是因为这个年头?

人手一机，信息倍增，我们的选择多了，可以吃便当看新闻、通勤打手游、晚餐经营社交媒体、睡前追个剧……我们不是没时间，而是自己把时间用得太淋漓尽致了。

当下的经济环境让这一代的社会新鲜人更窘。我一位朋友的侄子，两年前毕业，从高雄北漂，现在当个小助理，月薪才五六千元，工作时间长，下班就窝在家，跟女友视频、打《神魔之塔》，隔天 repeat（重复）。好像很废，但朋友又能理解：

"即便看不顺眼，不过他工作已经累成这样，要废也没什么错啊！"

我相信无论什么年纪，每个人心中都有个梦想计划，也有个模糊的期许：希望成为更好的自己。每逢跨年、生日、逛书店时，这个呼唤会大声一些。我们可能还会买一堆心理励志书，摆在书架上，光是看看书名就觉得有希望。

但问题是，每当一想到要自我实践、改旧习，就觉得这件事好大，需要给自己一段完整的时间才行，当下又缺了那股劲，再看看计划表——唉，改天再说吧！

于是就日复一日，来到今天。

我也曾经这么想过。有好几年，我忙着各种重要但琐碎的事情，疏忽了照顾自己的成长，结果发现日子变得干扁而僵化。我也发现，如果自己改变不了，就会自圆其说。当习性成了借口，也就更容易与身边的人产生摩擦。

大约五年前，我回到心理学这个曾经一路念到博士班的科目，从头为自己寻找答案，沿途更新了许多观念，帮助了自己，分享给众人，也有幸获得了不少读者的支持。

我现在坚信每个人都有办法让自己更好。这最需要的不是时间，而是一个信念："我要，就能！"这不是狂妄之言，而是透过"日常的小胜利"累积而来的天然自信，其中有五个步骤：

1. 了解行为背后的心理动机；

2. 设定改变的意图；

3. 做个行为的调整；

4. 检讨效果，觉得有用就……

5. 再来一次，直到胜利！

这本书，就是这么来的。

每一篇都能在坐两三站地铁的时间内读完。我希望运用那夹缝中的空当，为不同的生活问题提供心理学的解析。

许多题目是近年的热门词，例如情绪勒索、玻璃心、冒充者综合征等等；有些可能会听起来比较陌生，例如消弱突现或生理激发的错误归因，但能帮助你了解一些日常不理智的行为背后的原因。

你可以在通勤时看，也许睡前看一篇，或早上看一篇。积少成多，滴水穿石。想要成为更好的自己，只要每天挪出一点点时间，把脑波调频在"好好自处，也跟别人好好相处"的方向。一切只需要开始跟自己说"我要，就能"！逐渐地，这句话就会透过行为被你实现。

感谢我团队的同事们，与我一起讨论题目、探索痛点，协助我把心理学讲得尽可能简单、生活化。

感谢出版社的同人把这本书付诸高质感的图文呈现。

感谢我的家人，除了给我最大支持外，也都在学习进步，让我们更快乐，更有爱。

感谢所有线上和线下的读者朋友，谢谢你们所提供的感动、鼓励、正向回馈，以及许多成功的改变案例！

感谢你拿起这本书，希望你能在这些篇幅中，找到一些让自己变得更好的胜利种子。

刘轩

希望运用那夹缝中的空当，

为不同的生活问题提供心理学的解析。

不必要或过度的内疚感可能成为心理负担，

干扰你的情绪和生活质量。

将自己的生活掌握在自己手中，我们要训

练自己培养懂得说"不"的心态。

Chapter 1 如何巧妙处理人际关系？

三步减轻社交恐惧

想象你自己到一个陌生的城市旅游，走着走着，迷路了，手机也没电了。这时候，你看到前方有一群年轻人，他们看起来像是当地的居民，一起站在那里有说有笑的，每一个都人高马大，穿着皮夹克，身上有刺青。你走过去，跟他们问路，他们意识到你走向他们，纷纷转过来面对你。请问，你现在感觉到了什么？

如果你觉得心跳加快，手心微微冒汗，甚至有点发抖，那是完全可以理解的。我相信多半的人都会在那个当下感到紧张。为什么？因为你不知道他们是否会理睬你，是否会帮助你，是会嘲笑你，抑或伤害你？这个"不确定"的感觉，是很难受的。而这种威胁感和焦虑，正是有社交恐惧症的人所感受到的。只不过他们不用在陌生城市碰到凶神恶煞，光是家旁边公车站的老太婆跟他们聊天，都会使他们焦虑到想要逃跑。

有社交恐惧的人面对别人的时候，自己内心不舒服的感觉已经让思考都变得困难，自己在一个生存受到威胁的心理状态下，也无法真正跟对方互动。他们看到的不是对方，而是一面扭曲的镜子，反射自己恐惧的表情。这时候你会说："哎呀，你的例子太极端了，如果我在陌生城市，才不会跟一群看起来像混帮派的人问路呢！我宁可假装没有迷路，继续往前走，直到我看到比较慈眉善目的人再开口。"好，以这个比方来说，这也就是有社交恐惧症的人会做的事。

很久以前，或许连自己都不记得的时候，曾经因为在社交场合感受到了恐惧和不安，于是选择离开或避免那个场合。当然，这么做马上就降低了心中的焦虑感，松一口气。这样做也让自己学到：只要觉得社交会紧张，回避就好啦！

就这样，一次接着一次，你自己就训练出了习惯，逐渐成为高手：一个很会躲避与人社交的高手。但这无论在事业、在个人发展上，还是在感情上，都会形成障碍。

一个有社交恐惧的人，就像是在陌生的城市迷路一样，一直渴望能找到适合交谈的对象，但感觉每个人都像是凶神恶煞。

在这里补充一下：社交会令你紧张，是很正常的；面对陌生人和群众之前，会有点焦虑，也是正常的。但如果这种焦虑的感觉已经让你受不了，让你无法与人交谈，甚至使你想尽办法逃避的话，那就需要协助来改善了。当然，这不包括有自闭症、抑郁症，或其他精神异常的患者。因为害怕与人接触对这些人来说，可能是某一个状况的副作用，那应该找精神科医师来诊断，也就超出了我们讨论的范围。

我分享一种治疗方法，对于轻微的社交恐惧和焦虑，是有帮助的。这种治疗方法，叫作 cognitive therapy（认知疗法），又简称 CBT。

有别于传统精神分析，CBT 是"以行动为开始"，同时让你改变一些行为，注意那些改变所造成的心理影响。所以，你同时在做行为的改变，在这个过程中更认识并了解自己。

以下，都是你可以自己锻炼的方法。

第一步，就是练习深呼吸。为什么要练习深呼吸呢？因为深呼吸能帮助你放松身体的压力反应。但一般人紧张的时候，呼吸会变得快速而浅，这会加深紧张，所以深呼吸要特别练习。

深呼吸的秘诀就是要慢慢吸气，至少 4 秒，然后慢慢吐气，至少也 4 秒。持续这么做，不要急，能帮助你在焦虑的时候放松一些。这是你的 SOS（求救信号），随时感觉到快失控了，就要停下来，深呼吸。

第二步，你要列出所有在你的日常生活当中可能会遇到的，会导致你焦虑或恐慌的社交情况。

举例来说，你要跟客户开会，紧张程度 60 分；你要参加同事的聚餐，紧张程度 30 分，或者说不定对你来说是 70 分。这个分数是你觉得那个状况会造成的焦虑程度，以 100 分为最严重，你自己来评估。或是去商店跟店员互动，这个也许只有 15 分；跟陌生人问路，这个 50 分；跟你暗恋的对象表白……哦……这个可能超过 100 分了吧！

尽量列出各种你可能会碰到的社交状况，每个都打一个分数。然后，再按照这个分数，从最低排到最高。

这就是你的习题了！要克服你的社交恐惧，你就得一关一关地过，直到你的大脑学习到的经验不再是"逃避"而是"面对"。

我们就从最简单的一关开始：例如"跟商店的店员互动"，你今天的目标，就是去一个商店跟店员互动。你可能会觉得：我还是紧张得要命，浑身冒汗啊！但只要你没有逃跑，达成目标了，就恭喜你，算是过关！你可能会觉得因为太紧张，所以表现不够好，没关系，重点是练习。

所以我也建议你设定目标的时候要具体一点。例如：下次开会的时候，我要更积极发言，就不如这么设定：下次开会的时候，我至少要主动发言两次。

在专业 CBT 治疗过程中，你的咨询师应该会持续关心你的进度，并且了解你觉得最困难、最不舒服的地方，然后再调整练习的步骤。但这种事情就跟锻炼身体一样。你可以请私人教练，会更有效果，这也并不表示靠你自己就练不出好身材，只是需要自律一点。

在这个过程中，你一定会碰到一些瓶颈，有些关无论如何就是过不去。这时候你可能要把它们往后移，先挑战其他的，或是把门槛做一点调整。也许你在派对上跟一个人聊天五分钟就够了，不用找三个陌生人聊天。

也提醒一下，特别注意不要用"代偿动作"。有些人会先喝杯酒，或是烟不离手，或是总戴个墨镜，这些都是帮助我们面对社交焦虑的方式，但如果这些代偿动作本身是不健康的，那你就得特别留意，不要到后来反而养成了一些坏习惯。

你也要给自己理智的信心喊话。许多有社交恐惧的人，脑袋里会有负面的声音："他们一定觉得你很笨！他们一定不会喜欢你的！"诸如此类的言语，是你在自己吓自己。你要转换这个心中的声音，跟自己说："我也是一个有趣且值得认识的人。我放松的时候，是很可爱的！我要人来发现这一面的我。"这是很理智又很正面的信心喊话。你不需要说："他们一定会爱上我的！他们一定会觉得我最棒了！"那就太理想化了。理智但正面，是你面对自己内心的声音该有的态度。

最后，我有个私人的技巧，它曾经帮助我在美国求学的时候面对那些大大小小的社交场合。每当我走进一个 cocktail party（鸡尾酒会），或充满了陌生面孔的同学聚会的时候，我就想象自己是个探照灯。

我的功能，就是照出人最美好的一面，被我这个探照灯照到的人，在我的眼中都像是舞台上的演员，在聚光灯下成为主角。我发现，当我这么做的时候，我专注的焦点就能向外，移到人群和环境，也就不会专注自己内心的别扭。

希望你也能拿出内心的探照灯，用它来照亮别人，认识别人，直到有一天，你自然成为任何一个社交聚会上的亮点。

应对"玻璃心"

你是否认识一些人，无法接受任何批评，觉得别人不肯定他们就暴怒？或是稍微对他们有点建议，他们就垮下脸来，一整天闷闷不乐？或是在网络上，有人留言让他们不爽，他们就跟那些人没完没了？这种人，我们俗称有颗"玻璃心"，一碰就碎。

其实每个人都有脆弱的时候。被甩了、考砸了、被拒绝了，这时候，我们都会变得比较敏感，听到什么话，都觉得是在指责我们，什么都是冲着我们来的，连别人安慰都像是在反讽。但对有些人来说，这样的脆弱是个常态。有玻璃心的人，不代表他们有道德缺陷，只是他们看待世界的方式跟其他人不太一样。当他们接收到任何回馈的时候，无论好与坏，相较于一般人，他们会更容易看作对自己的肯定或否定，直接影响他们的自尊心。

当这些人判断事情的归因的时候，会比较倾向"内部归因"，也就是"跟自己的人格有关"，而非"外部归因"，也就是"跟这件事情的其他因素或环境因素有关"。

有玻璃心的人，接收到对方的批评的时候，会觉得对方好像在直接否决他的能力或人格，嫌他没有价值。可想而知，这会引起他各种不好的感觉，浑身的刺都会竖起来。为了保护自尊，玻璃心的人有一种反应，就是不断反驳对方说的话，甚至直接反过来开始攻击对方。这些都是他在宣誓："你错了！我其实是很有价值的！"

而另外一种玻璃心的反应，则是冷漠地去逃避，不去面对别人。他们不会去争辩，也不会去解决事情，反而是去离开冲突的当下，逃避这些冲突，找个地方舔自己的伤口，有时候还躲在暗处反击那个他认为否定了他的人。

玻璃心，主要是后天影响造成的。首先是跟早年的成长环境有关。学者认为，成长阶段如果父母过度控制或溺爱，让孩子没有机会建立完整的自我认知，就容易造成玻璃心的特质。

有一种极端就是"小皇帝"。你会看到有些父母极度宠爱小孩，孩子无论做了什么都是正确的。他们不会批评指正孩子的行为，也不接受别人的批评，导致这个孩子长大后，面对别人的批评也无法接受。

另一种极端就是"小囚犯"。从小到大被骂来骂去，父母没有个准则，孩子搞不清楚自己为什么动不动就被罚，长大了，还是容易把什么打击都归咎于自己造成的。

所以，父母需要学着让孩子面对批评，并且教育孩子将批评转化成对自己成长的一个机会教育，让他们知道，被批评指教是改进的过程，让我们可以做得更好。没有批评指教，我们还不知道该怎么改进呢！同时我们也应该教导孩子，当他们觉得别人是存心在攻击他们的时候，该如何表达自己的不满，宁可直接告诉对方"我觉得你的话伤害到了我"，也不是转个弯，反过来去攻击别人，或是默默吞下去，造成内伤。

　　我们都应该在成长过程中给孩子这个训练，日后孩子在面对外人的批评时，就可以有心志的弹性，把别人的回馈，当作一个善意的提醒和进步的机会，也更容易成就"真正稳固的自信"。不论是什么样的成因，玻璃心不仅给自己带来忧郁、焦虑与不安，也可能为别人带来一种强烈的负面情绪！如果你发现自己就是那种很容易受伤的人，也不要跟自己太过不去！玻璃心，也是可以强化的。以下的几点，不管你有没有玻璃心，都可以参考看看。

　　首先，你要培养自觉的能力。当你意识到很不舒服的感觉，觉得别人在攻击你的时候，先记住，察觉这个不舒服的感受，把它握在手里把玩一下：是的，这个感觉好难受啊！但为什么我会那么愤怒呢？这有道理吗？还是它只是个惯性的情绪反应？但扪心自问，只要稍微自觉一下，你自己也知道那不舒服的感受跟对方的话，往往是不成正比的。

　　其次，你要锻炼切换角度看事情的能力。这需要运用一些假设和想象的本领。

　　你可以设想：如果今天你是旁观者，你会怎么处理？如果这个人批评的对象不是你，而是别人，你会怎么建议他来处理这件事？往往你会发现，当我们切换一个角度的时候，许多原来的情绪就没那么强烈了。

　　第三，请保持一个开阔的心胸，别太快否定别人的意见。想想看，攻击别人对自己有没有什么实质的好处？想想看，逃避不去面对这一切，对自己又有什么样实质的帮助呢？你可能因为这样极端的举动，惹恼了你的商业伙伴而丢掉了工作的机会，或是得罪了朋友、亲人，这不太值得，不是吗？

也许，这个建议真的是个好建议？如果是的话，那我跟你说，给自己最好的台阶，就是大方回应："你的建议很好！我会采用！"相信我，这不会显示你的软弱，反而会展现你的度量，显示你是个能够理性分辨是非，果断又做事利落的人。而且，对方的建议获得了肯定，也会降低冲突点，增加好感，这么多好处，光是凭你一句话"我接受你的建议"就可以达成，你说，何乐而不为？

最后，你要想清楚自己做事的方式与价值观，要想清楚你自己的立场是什么。这就是要学会沟通。假设你的立场不同，那就需要能够表达出来，如果对方某个建议确实违背了自己的原则，或是经过你判断之后，发现对方真正过于主观，那也需要有个基础跟他来对话，而不是锁在情绪点上对峙。

总之，不要过分解读对方的想法，也不要意气用事，说不定对方的回馈和意见能够帮助我们进步。而面对玻璃心的人，就要懂得沟通技巧，先给予肯定，再给建议，尽量就事论事，提醒对方"这跟你本人无关"。如果他正在对你进行反击，在宣誓自己的主权，这时候你要记住一个原则：沟通，需要选好时机。因为在争执发生的当下，也是最难改变一个人的时候。你得凭自己的智慧，先想办法解决问题，这时问自己：这个人的玻璃心，需要你来给他教训吗？如果你真的觉得改变他是你的义务，那就请找个大家心平气和，没有争执的时候，再私下找这个人沟通。

希望以上这些建议，能让你的情绪反应更具弹性，让你在沟通上能够兼顾面子和里子，让你的智慧，成为包裹玻璃心的海绵。

拥有办公室好人缘

美国科技公司 Google（谷歌）曾经对员工工作表现，以及工作快乐的影响因素做过长期的科学研究。他们的研究结果发现，比起加薪、升职、福利或津贴，有两个因素更为重要：第一，就是员工是否经常从主管那里得到建设性的回馈；第二，就是他们在办公室里的人缘好不好。

每家公司的文化不同，有些像是大家庭，有些像是朝廷。但无论如何，只要你在办公室里上班，就还是有许多机会与同事们接触，而如果你能够善用一些不是在讨论工作的时间，也就是所谓的"非正式交谈"的时间，将有助于你强化职场人际关系，获得好印象。

什么是"非正式交谈"的时间呢？简单来说，就是在饮水机、咖啡机周围，同事们聚集在一起闲聊的时候，或是中午聚餐、到不同部门开会前后的寒暄时间、下午的 coffee break（喝咖啡休息时间），等等。

加拿大温莎大学的心理学家于 2015 年的研究发现，会在"非正式场合"，例如饮水机旁边多跟同事们交流的人，比起那些不交流的人，不但人缘更好，而且自己的工作表现也更好，他们也比较容易获得上司的工作指派，需要帮忙的时候也比较容易获得别人的帮助。

这背后有一个很重要的原因，也直接带到我们"五个办公室好人缘的重点"的第一点，见面三分情。现在通信软件发达，很多时候，我们在通信软件上都有不同的小群组，你跟同事可能都会有一些聊天的群组。

当然，在通信软件上跟同事聊天扯淡，也有助于增进彼此的情感，但是面对面才可以创造更"正面"的感觉。如果两人在线聊得很开心，见面时即便是跟彼此挤个眼，微笑一下，交换一个"我知道你也知道"的表情，比起完全不见面，感觉也相差非常多。

平时当你经过同事的座位时，可以先观察一下，现在的他看起来忙不忙，如果忙的话你就打个招呼离开，不忙的话就可以多聊几句。当然，也不要花太多时间社交，以免耽误工作。如果你发现对方的身体开始转回到自己书桌的方向，或者他们跟你说话的时候身体并没有转向你的话，那表示他们内心并没有很想跟你多聊。这时候不要不高兴，每个人都有工作要完成嘛！你就微笑一下，说："你先忙！晚点再聊！"面对面的时间需要有，但也要记得"点到就好"。

第二点，"谈资"不需要牵扯到八卦。这是许多人会误踩的地雷，因为除了工作之外，同事之间还有什么共同话题可以聊呢？但是，你一旦走上八卦这条路，就很难再回头，而且你自己也会开始担心，你不在场的时候是否会成为别人的话柄。

在一个公司里，你往往会发现，最爱八卦的人会是表面上人缘最好的，但大家真正喜欢的会是那个善于社交、善于聆听，总是有"谈资"，但从来不八卦的人。有一个沟通技巧，叫作"话题矩阵"，对于日常闲聊非常好用，是这样的：

想象所有的闲聊主题都能归类于"食、衣、住、行、育、乐"六种生活话题。针对这六个话题类别，你都可以用三种不同的角度来交谈，那就是：现况、感觉、情报。举例来说，关于饮食，"现况"就是问："欸，Amy，你平常会自己下厨吗？""欸，老王，你这个便当看起来很好吃欸！"如果是用"感觉"的面向来问，你就可以问："Amy，你喜欢做什么样的料理？""欸，老王，你觉得这便当做得怎样？""情报"就是问："Amy，你下次可以教我怎么做这道菜吗？""欸，老王，你可以介绍几家你最喜欢的便当店吗？"

你会发现，以上几乎都是从"问问题"开始聊，对方给了你"现况""感觉""情报"，你也相对给个"现况""感觉""情报"作为响应。如果你自己没有好的响应，那就再换个面向问，或是换个话题类别，即便是聊不起来，它最起码也展现了你很有诚意，想要认识对方。请记住，好感不一定要来自你交谈的对象，而是你在真诚的沟通过程中，别人看在眼里，对你形成好印象。

第三点，请收起你的手机。这样的场景你一定见过：两个人相谈甚欢的时候，手机叮叮响了起来，那个人拿起手机看一下，这时候如果中断时间超过三秒，另外一个人往往就会说："你先忙！"然后快速离开。虽然可以理解，工作上可能有重要的事情要处理，但是用这种方法结束交谈，感觉指数未免还是会打个折扣。因为无论如何，选择回应手机的人，给交谈对象的感觉就是："你手机上的信息比我更重要。"

反之，你可以运用这个特点，给对方个面子。如果手机响起来，你可以"立刻"把手机关静音或收进包包，甚至连信息都不看。当对方看到你这么做的时候，会知道你现在想要专心跟他聊天，也相当尊重他，这会留下一个很好的印象。所以，尤其对于简短的聊天，请你压制想要立刻看信息的冲动，把这段交谈的时间，还给当下、还给彼此。

第四点，主动记住一些对方的小细节。常常在聊天的时候，都不知道对方有没有把我们说的话听进去。尤其当一个人反复问你同样的问题，像："你小孩几岁啦？"你心想："我之前已经告诉过你三次了！"这实在很伤感情！

如果你自己的记性不那么好，我建议你给每个人设定一个"记忆点"。比方说对方曾经有一次说他最爱吃榴梿，这就可以成为一个记忆点。下次如果几个同事在外面开完会，经过冰激凌店，在那里犹豫要不要买个甜筒的时候，你说："看来这里没有你最爱的榴梿口味！"这个同事听到了会觉得很开心，你竟然会记得这么无关紧要的小细节，你一定是个很细心的人！

好人缘就是这么来的！你不一定要记住每个人的生日，反而是那些不经意透露的小细节，在适当的时候表现出"我记得"，会给人更大的惊喜。那又要怎么记住呢？你可以运用强烈的想象画面，例如想象同事的头就是一个榴梿，或想象她徒手剥开一个榴梿，把脸埋在里面狼吞虎咽的样子，越是夸张，你的大脑就越容易记住。但是千万不要跟对方讲你是怎么记住的,这只是一种记忆技巧。

　　或者,如果你的想象力和记性都没那么好,那就在自己的手机通讯录里给自己做个笔记吧!下次见到那位同事,找个机会先到旁边偷瞄一下手机,看到"爱榴梿",你就知道啦!

　　另外就是主动提起你们上次的话题,做个 follow-up(进一步跟进)也很好。比如说:"欸,上次你推荐的餐厅,我后来去吃啦!"或是"上次我们聊到你跟谁谁谁出去,结果怎么样?"这样的小举动看起来轻而易举,不过,正是这种有连贯性的交流,区别了"无心的闲聊"与"用心的建立关系"。不妨试试看!

　　第五点,成为一个"正面传言"的使者。人们都会喜欢和一个愿意赞美他们,了解他们,并且肯定他们的人相处。而赞美也是一种技能,可以透过练习来让自己更懂得如何赞美别人。这里不是要让你做一些虚假的赞美:"欸,王经理,你今天看起来真的很帅欸!"或是"欸,李秘书你真的很聪明欸!"虚假的赞美在第一次可能很动听,但久了之后,人们就会察觉这样的赞美实在很空洞。

　　那么"虚假的赞美"和"真实的赞美"到底哪里不同呢?不同点在于,你能不能够真正欣赏别人的优点。那个优点,不只是说别人聪明、漂亮,这些都是很笼统的,说出来没太大意义。如果你能够观察到这个人如何把这个优点运用得很好,例如:"刚才会议有一度严重失焦,还好老王很快总结了重点,节省了大家的时间!"这就是赞美一个人做事的方法,而不只是那个人的聪明才智。

　　你可以试试看，下次当你见到某一个同事的时候，想办法去"观察"他的优点，有哪些做事的方法是值得被欣赏的？你可能会发现，以前你没有注意到的优点，现在忽然都冒出来了！

　　另外，之前我提到，尽量不要在背后八卦同事，但有一件事绝对可以做，就是在同事背后夸赞他们！当你是一个会主动"称赞"别人的人，大家对你的评价必然会提升。尤其当对方不在场，你与对方也没有什么直接的利益关系时。你愿意称赞别人，看到别人的好的时候，别人也会认为你是一个"值得帮助"的人。

　　俗话总说，做事容易，做人难。这五个帮助你增加办公室好人缘的方法，看上去都很基本，但如果你能够运用起来，给人的感觉就会是你很用心。而确实，也只有当你用心的时候，才做得来。

　　当你用心去经营与同事的关系，请给予他们尊重和你全部的注意力，准备一些谈资趣闻，不要随便八卦别人。记住同事的特点，并且四处赞美他们的优点，你会发现，好人缘会自然地伴随而来。

你把好人缘和地位搞混了

最近，跟一群高中老朋友聚会，聊着聊着，说起了以前在学校的那些风云人物。

"欸，你们还记得那个 ××× 吗？"

另外一个人说："哼！怎么可能忘得掉，当年他是篮球校队的，跩得二五八万的，看到他我就来气！"

其他人就笑他："那是因为你羡慕嫉妒恨啊！当年，哇，哪个女生不喜欢他啊！你暗恋的那个女生后来不是也跟他告白了吗？"

"好啦！过去式了！那家伙现在在干吗？"

大家彼此看了一眼，没人知道。是的，大家都记得这家伙，但没有人跟他保持联络。

当年的风云人物，后来的发展好吗？在校园曾经是根葱，未来社会上是否还是一条龙？

答案我想你应该也能猜到，关系并不密切。当年校园里功课最好的，未必是未来收入最高的。

美国最近的研究也发现，当年高中功课第一名毕业的，入社会后发展虽然在中上，但几乎没有到顶尖的。

但同时，我们在校园里的社交经历也会有很深层的影响。

心理学家 John D. Coie 和 Kenneth A. Dodge 就发现，一个孩子受不受欢迎，人气高低，在非常早期的时候，也就是 7 岁左右就已经形成了。

有些人似乎就是天生的"人气王"，总是有同学想要跟他玩，跟他同一队。能够得到他的微笑或关注，同学就觉得很荣幸。有一些同学，只要有活动，大家都想坐在他们旁边，有些却总是被排挤到角落去。

第二次世界大战后，美国军方大量研究心理健康问题，有一个研究重点是，为什么有些军人表现良好，而有些军人却表现不好，甚至蒙羞退伍呢？

1960 年在 *US Army Forces Medical Journal*（《美国陆军军医杂志》）发表的研究发现，军人服役时能否称职，其中最高关联的一个指标，竟然是这个军人小学时期在班上的受欢迎程度。

显然，受到别人欢迎，不只是在小学的游乐场、在初中的球场上有用而已，甚至在未来你的人生，在职场、在办公室里，都占有举足轻重的地位。

受不受欢迎，还会影响到你的人生观。根据心理学家 Mitch Prinstein（米奇·普林斯坦）的研究，记忆中童年受到欢迎的年轻人，最有可能表示他自己的婚姻生活比较幸福美满、职场关系比较稳固，并且认为自己在社会上比较有发展。但是回忆中在童年不受欢迎的那些人，则是相反。

看到这里，你一定会说：哇，受到欢迎原来这么重要，那我一定要想方设法让我小孩变得很受欢迎啊!

但是等等，你还记得我说的那位朋友吗? 那些风云人物，为什么好像发展得不怎么样呢? 受欢迎不是一件很重要的事情吗? 为什么风云人物却并不一定会一帆风顺呢?

前面提到的那位学者 Mitch Prinstein 是专门研究儿童与青少年心理的，在美国北卡罗来纳大学的临床心理学担任主任。他出了一本书叫 *Popular: The Power of Likability in a Status-Obsessed World*（《欢迎度：引爆个人成功与幸福的人气心理学》）。这本书就是专门探讨"受欢迎"这件事情的。

他在研究过程之中，也发现了同样的问题，那就是为什么受欢迎这么重要，但那些学校里的风云人物毕业后并不一定平步青云? 为什么有些人被很多人崇拜的同时，却也同时被很多人讨厌呢?

那是因为所谓的"受欢迎"分为两种类型。

第一种受欢迎，可被称为"地位"（Status），这指的是个人有名气、有才气、穿着时髦、长得帅、家里有钱、爸妈有关系的那种同学。

另外一种受欢迎，则是"好人缘"（Likability），这指的是那些让我们感觉到很容易亲近、信任，相处的时候，能让别人快乐的同学的特质。

回想一下，青少年时期有很大一部分的精力好像都是在寻找归属感、认同感，想要别人喜欢我们，我们都在追求"受到别人的瞩目和肯定"。往往问题也就出在这里。在追求这种肯定的时候，我们很容易看到风云人物的表面条件，也开始跟他们一样追求一些很容易看见的东西，像名气、地位、名牌等等。而且，因为"耍帅"甚至"耍坏"也是初高中风云人物的一个特点，所以有些青少年也因此会模仿他们的行为。

这种"地位象征"的追求，看起来像是在"表达自我"，也可能被长辈视为"叛逆期"的表现。从发展心理学的角度来说，这是一种自我认知和群体归属的协商，但从一个社交的角度来说，这算是一种追求肯定的行为。只不过在追求肯定的过程中，许多人把"地位"和"人缘"搞混了。

如果你盲目地追求地位，必然会有竞争，会有角力，就算得到了地位和名声，可能也多了几个敌人。况且，出了校园的小世界之后，你的"地位"可能就没什么价值了，但如果你还是以同样的地位心态来与外界交涉，那就迟早会踢到铁板。

但相反地，如果你追求的是好人缘，那后面的结果也会不同。

请你回想一个过去班上人缘最好，你最想要跟他相处，也最想念的同学。

是不是一个人的形象已经慢慢爬进你脑海当中了呢？人缘好的人，会给人留下一种好的感觉。

他们温和有礼、宽厚乐观，他们不常发脾气，公平地对待所有人，似乎也善于解读现场气氛。更重要的是，你在他们身边，不觉得会受到他们的评论。在他们身边你没有压力。

乍看之下，你可能会以为所谓的好人缘，其实是一种行为。但好人缘不是你"做了什么"，而比较像是你"为什么这么做"，它是一种心态上的调整。

好消息是，这个心态是能够学习的。

首先，你不要太快去设想别人的动机。今天如果你约好了一个朋友，但他迟迟没有出现，也没回消息，你当下的第一个念头会是什么？如果你当下的第一个念头是：他一定是故意放我鸽子了，他可能不想跟我见面，他根本没把我放在眼里！那么你就会变得很愤怒，见到朋友时，你的反应就会变得尖酸刻薄。

但如果你的想法是：他可能出了什么事，或许他有困难需要帮忙，我应该要知道发生了什么事。那么当你终于见到这位朋友的时候，也会比较愿意听他的解释。如果他的解释不合理，或完全不主动道歉，那你就留意以后不能太信任这个人。但起码你不会先入为主地给他定一个罪名，然后用一种"你不够尊重我"的"地位思考"来要求他的道歉。

这就带我们到第二点，不要假定他人怀有敌意。

有些人在情况不明的状况之下，会先假定别人是带有敌意的，这样的假设不仔细去思考的时候，甚至没有办法自觉。

下次当你遇到困难、误会的时候，请你先停下来想一下，自己是不是已经帮别人定下了预设立场，是不是已经假定别人想要害我们，对我们不好？你会发现，其实这样的想法非常频繁地出现，但察觉之后，你就会知道这样的想法必须经过查证，而往往是误会的产生点。

在这里我也要特别说明，我们许多人带着刺和盔甲面对人，是因为我们带着过去的创伤。

我们都会受过去的经历影响，所以我们以前曾经被排挤，或曾经被霸凌，在关系上遇到挫折，很容易就会误认为是自己的错。我们不够好，使我们容易受到他人拒绝，其他人一定对我们抱持敌意。

而这样的想法形成得非常快速，你可能根本没有意识到。但这种心态会让你在关系当中一旦碰到一个挫折，就变得很敏感、很容易受伤，甚至会为了保护自己而引发自己内心的敌意。

有一个实验，学者放了一段校园霸凌的影片给 400 个青少年看，然后问他们："如果你是里面被霸凌的人，你会做什么？"

结果发现，那些不受欢迎的青少年可能选择采取报复行为或回避。但那些有"好人缘"的学生，则可能会选择用修补、互动的方式来处理这种状况。

换句话来说，好人缘或坏人缘，是一个会自我加深的循环。校园的辅导老师也都知道，那些会霸凌同学的孩子，往往自己在家里或其他地方也是个被霸凌者，他把自己所遭受的痛，在校园里转嫁到别人身上。

这个负面旋涡能不能被破解？绝对可以，只要你愿意稍微冒个险，选择"善意"过于"敌意"。

Mitch Prinstein 教授在他的书里提到一个很简单的实验，他让一些人缘不是太好的人穿上一件搞笑 T shirt（T 恤），上面写着"我人超好"或"给我你的微笑"，并且请那些人到路上跟别人聊天。

许多人后来发现，路人们居然开始跟他们微笑，甚至主动跟他们聊天。而经过一天之后，许多人也说这一天过后，他们感觉到更有自信、更健谈，甚至许多人还交了朋友。重要的是，这一天结束的时候，他们非常开心。

其中一个受试者说："没想到一件 T Shirt 就可以做到如此多的改变。我希望我可以记住今天的感觉，就算没有 T Shirt 也可以像今天一样。"

其实，所谓的好人缘就是在每一次与别人的小小互动当中累积出来的，你一天可能会经历上百次这样的互动。而这表示，你一天当中其实有上百次的机会可以去练习怎么调整你的心态。记住这些原则，在每一次的互动当中提醒自己，让你看出去的世界更充满善意，而其他人也自然会更喜欢你。

穿上你的好人缘 T shirt，带着微笑走出门吧！

互联网的社交原则

今天你八成也跟绝大部分人一样，会使用 Facebook（脸书）、Instagram（照片墙，常简称为 IG），Snapchat（色拉布），LINE（连我）之类的平台，也很有可能你自己已经很清楚地感受到了这些平台的好与坏。

它们帮助你联系许多不同时期结交的朋友，让你可以跟不在身边的家人实时沟通，联结了许多有相同嗜好与兴趣的人，互相交流。

但同时，你的个人信息则成了这些平台的商品，用来卖给广告商，也卖给你各种东西。这些算法也造成了同温层的聚集和意见的回声室，加深了社会上的对立，真实的新闻与假消息并存，让人已经难以分辨真假。

而且，近年来许多心理学的研究也发现，一个人大量使用 Facebook 或 Instagram 等社交软件，与"抑郁"和"负面心态"有很高的关联度。

为什么呢？有个道理很简单，一听就懂："人比人，气死人。"社群网络，就是让人时时刻刻都在跟人比较的地方。比赞、比关注、比分享的精彩度。

大家在社交媒体上所呈现的，都是最好的自己。一下子看到同学去蒙特卡洛看赛车，一下子见到同事去那家超热门的新餐厅打卡。那家餐厅你怎么订都订不到位子，他怎么订到了? 连邻居阿姨、大妈都去冰岛玩了，你还在办公室里点着鼠标，这不叫人沮丧吗?

而且，社交网络平台从本质上反映出所谓的"好生活"，很容易等同于"物质生活"。

但我们也知道，这是海市蜃楼。追求物质生活并不会带来快乐。我们只要看那些身家上亿，但整天暴躁发脾气的人就知道。我们也都见到一些网红经常晒出华丽的照片，他们似乎生活在一个不真实的完美梦境中。这些分享可以为他们快速累积很多追随者和点赞，他们也可以很有影响力，但这也并不表示他们有好人缘。

现在，有些人会选择离开这些平台，让自己活得简单一点。我并不是在推荐大家都要这么做，其实我认为社交网络和任何工具一样，若善于运用它，就可以是我们的好伙伴。像我现在的工作，就需要大量使用社交媒体，但因为我掌握了几个重点，所以我没有变成社交媒体的俘虏。重点是要找出彼此最舒服的相处之道。

今天，我想跟你分享几个我个人用来经营社交网络的方法。

第一，打造你的交友组合。

无论在工作上、生活上、创作上，你都能从身边的朋友组合当中，从交流当中，得到最好的帮助、新的想法和灵感。

许多人可能会想说，我要建立亲密的关系，所以我的交友组合当中应该要多一点死党、亲友，这样我才可以自在地分享。但实际上研究显示，这个比例反而应该是要倒过来的。也就是说，陌生人、泛泛之交的比例应该要多一点，而亲友团、死党的比例应该要少一点点。

这是知名创业家、企业顾问 Richard Koch（理查德·科克）和创投业者 Greg Lockwood（格雷格·洛克伍德）综合了许多分析之后所发现的现象。也就是当我们要寻找新的机会、要有所突破的时候，"泛泛之交"反而比我们的亲友团更有帮助。

这是为什么呢？

因为我们与亲友和死党已经经常在交流了，有可能该交换的信息已经饱和了。另外，因为他们对你很熟，反而可能在分享知识的时候，自己做了筛选。这种筛选也可能让你无法接触到一些更不一样的信息。

这也是"同温层现象"的一个主要缺点，无法听到相反的声音，反而造成了偏见加深，或误判大局。

而泛泛之交就是因为生活在不同的圈子，接触的人、事、物不同，反而可能带来新的冲击和想法，或是新的机会。

斯坦福大学社会学教授 Mark Granovetter（马克·格兰诺维特）就发现，美国社会上绝大部分的人都还是靠关系找到工作的，但是其中靠亲友关系的人只占了总数的六分之一而已，其他都是透过比较不熟的朋友获得机会的。

所以，经营你的网络社交圈有一个很简单的技巧，就是常常问问题。只要问题不是太白痴，应该都能获得一些认真想帮助你的响应。你也可能会很惊讶，有多少不那么熟的朋友也会跳出来给建议。而且，说不定你的问题所造成的讨论能够集思广益，还能够帮助其他人呢。

像我最近就在为小孩找家教。我在个人的 Facebook 上发布了消息，有好多朋友响应。其中有好几个都是平常鲜少互动的，从他们的推荐之中，我获得了许多很棒的人选。而我身边几个最亲近的朋友发的留言竟然是"你自己教就好啦"。

更有趣的是，其中也有朋友说"我现在也正在找家教"，我跟这个朋友联络后，也把我这边的信息分享给她。你看，这整件事造成了多少良好的互动，全从一个"问题"开始。

难怪很多网友会戏称 Facebook 是他们的许愿池呢！

第二，礼尚往来，分享有用的信息。

网络上也像现实，一来一往，有得到，当然也需要付出。像我之前在社交媒体上得到了许多有用的信息之后，我开始思考，如果我是一个陌生人，看到我自己的版面的时候，会想要看到什么，或是看到什么之后，我会觉得这个人不错？应该不是什么大餐或旅游的美照吧。

我想了想，我会想要从这个人身上得到一些东西，或学到一些东西。自此之后，我给自己设定一个规则。那就是我只分享有用、有趣或有正面效果的信息。

结果你知道吗？当我这么做之后，我的 Facebook 页面的点赞人数在几个月之内就多了一倍，分享与互动也多了一倍以上。而我也从中得到更多有用的信息，形成一个正向的循环。

所以我建议你不妨花点时间，想一下你会想要在网络上看到什么，而什么样的信息对你来说也是有用的信息。然后就开始把对你有用的东西分享出去吧。毕竟这就是社交媒体的真谛，We share，We grow（我们分享，我们成长）！

第三，定期敲敲失联或不在你身边的老朋友吧。

前面我们提到，强连接提供给我们情感支持，弱连接提供给我们新鲜的信息，但其中还有一种连接，是又弱又强的。那就是你曾经失联的老朋友们。感谢社交媒体，让我得以重新找回这些人。

但往往随着你的好友数量越来越多，这些人很可能又会消失在你的版面上，你们再一次失联了。

我自己就会定期去找一些失联的老友。敲一敲他们，寒暄一下，我也会针对他们的专长向他们请教，甚至会虚实整合，约他们出来喝杯咖啡，吃个饭。当我这么做的时候，这一天通常都会很开心。

我建议你也可以好好利用社交媒体的力量，帮助你维系这些又弱又强的感情！

第四，无论如何，不要忘了真实的对话。

我的工作需要大量使用网络，所以只要手机叮叮响起来，我就会忍不住想要查看。而当我这么做的时候，就会与外界隔离。我的家人和小孩也常常说，当我在看手机的时候，感觉跟他们之间就隔起了一道墙，我的身体在这里，但我的心不在这里。

我还记得某一天参加一个饭局，有个长辈朋友带了自己十几岁的儿子。那个孩子从坐下来那一刻就在玩手机，整整两个小时没抬起头来，连吃饭的时候眼睛也盯着屏幕。饭局结束的时候，他默默起身，跟着父亲走出餐厅。我们连个眼神交会都没有，那个孩子回到家之后，连桌上坐了几个人搞不好都说不出来。

多悲哀啊！如果这个孩子与他家人产生了代沟，你会觉得惊讶吗？

当我意识到这件事情之后，就给自己设定了时间。每一天，我要有至少两小时的时间，是给我最亲密的家人和朋友的。而在这段时间，我会关掉手机，享受与朋友家人共度的美好时光。

《在一起孤独》这本书的作者麻省理工学院的教授 Sherry Turkle（雪莉·特克）就认为，要建立长期且深度的关系，我们需要"真正的对话"，即时消息、电话，都少了某些真实性。而两个人面对面的交流，会让我们练习真正的社交技巧，让我们懂得体谅彼此的尴尬，让我们看进对方的眼睛，得到最真实的触动。所以我建议你，无论如何都不要忘了真实的对话。

以上，就是我对网络时代的人缘建议：多问好问题，多分享好信息，善用科技再度联系失联的朋友，而且别忘了真实的对话胜过一切。

我最近看了一部电影，*Ready Player One*（《头号玩家》），是一部探讨近未来人们的生活重心开始从现实移转到虚拟的电影。在那样的未来，人们的喜怒哀乐都在虚拟的网络当中，只是电影的最后，依旧强调真实的重要性。

我不知道我们会不会走向那样的未来，但肯定的是，在很长的一段时间内，社交媒体与网络还是会在我们生活当中占一大块重心。所以，我们要懂得如何在社交媒体上相处，学着使用它，与它共生共处，而不是被它使用。

从不敢尝试到勇敢拒绝

在一天当中，我们可能会听到许多临时的要求：

"我今天要去看个医生，可以帮我做一下这份报表吗？谢谢啦！"

"嘿，你可以帮我顺手寄这封邮件吗？我急着给老板送东西！"

"可以帮我打个电话给国外的客服中心吗？我的英文不好！"

回到家，你的另一半说："帮我去买个电池，遥控器没电了！"

"帮我改一下 PPT 吧，我实在不知道怎么用！"

欸？怎么工作的事情又回到家来啦？

平常如果没事的话，你大概也都乐意，但偏偏人家都是在你最忙的时候请你帮忙。而且，你偏偏每次都还是会答应，是不是？

如果你答应，是因为你很会又很乐意，那当然没问题。但如果你答应，是因为你不敢拒绝别人，而你拒绝的话会充满内疚，那就有问题了，因为这表示你无法在别人的需求与自己的需求之间取得平衡。

心理学研究发现，这种不敢拒绝别人的内疚心情，影响女性比较多，尤其在40～50岁的女性之间最普遍。有可能是因为这个年龄往往"上有老，下有小"，会感到特别重的家务责任。

不必要或过度的内疚感可能成为心理负担，干扰你的情绪和生活质量。那么，我们就该采取行动，将自己的生活掌握在自己手中，我们要训练自己培养懂得说"不"的心态。

具体要如何做呢？我归纳了几个重点。

首先，在任何行动之前，我们必须要调整自己的心态，要知道我们的拒绝是有道理的。

以下有三个认知，你必须信服。

1. 自己不是万能的。

你每次对别人说"好"，无形中告诉自己这些事情都要去做，不管你会做的不会做的，你都要想办法帮助他们完成。可是如果是你不擅长的东西，你要耗费很长时间去完成。这样越积越多，也会塞满你的时间。

为了避免让自己陷入整日无法呼吸的困境，要在答应别人前，承认自己不是超人，不是所有事情都会做，不是所有的事情自己都可以完成。

2. 拒绝不是自私。

很多人因为内疚感而不好意思拒绝别人。首先你要告诉自己，你不是自私。再想想之前你无数次答应这个人，这次要拒绝他也不会觉得你是自私，他可能会觉得这次你是真的没有办法帮忙而已。

不要给自己那么大的压力！

如果对方因为今天你没有帮助他，就觉得你是一个自私的人，那这个人也不是你要深交的人。

3. 你不可能取悦每一个人。

你不可能让每一个人在所有的时候都会喜欢你！

当你拒绝对方，觉得对方会因此而对你失望，因此失去他的尊重。但你如果答应了，却把自己搞得情绪很差，搞不好人家不但无法理解，还觉得你干吗那么难搞，你早说不就成了？

其实，拒绝一个人的要求不会让人看不起你，他们反而还可能对你的坦白和谨慎的态度感到尊敬呢。

做了以上的心理准备之后，我们在拒绝对方的时候，也要注意以下几个重点：

1. 语气很重要。

我们要以平静、平坦的声音回复对方。如果你的声音听起来情绪化、困惑或不安，那么这个人会感觉到你的不适，有些人会试图再拜托一次。狡猾一点的人还会利用你的情绪说："啊呀，其实你可以的！"

如果你的声音听起来很冷静，那么这个人会感觉到你是理性的，而且你应该已经很清楚自己要或是不要什么。

你的肢体语言也很重要。不要烦躁地玩弄你的手或首饰之类的东西，不要有太多的下意识动作，不要上身蜷缩或将双臂交叉在胸前，否则你看起来像对自己的决定不满意，也可能会摇摆不定。

2. 不要过度道歉。

如果你确实为自己做不到这件事感到抱歉，那么你可以说一句简单的"很抱歉"。但是你越多地重复说你很抱歉，就会听起来越不坚定。对方会认为他仍然可以说服你去完成这项任务，而且这样，你自己在道歉之下也会感到心虚，有可能会加深自己的内疚感。

3. 给一个解释，但不需要解释太多。

你只要给出一个简短的解释，可以使人明白为什么你不能做他想做的事情。但不必解释太多，只需要有一个"因为"，加上一两句的解释就可以了。

也不需要撒谎或找借口。你可以说："因为……这次比较不方便。"也是一个解释啊，这么说也就够了。如果对方听了还要死缠烂打，那他就是对你不够尊重。

4. 给对方提供一些其他的选择。

如果你仍然希望能帮助这个人，那么你可以试着提供一些其他的解决方案，帮他想一想有没有什么可以解决他的问题，而解决的方式是你自己可以接受的！

例如："我没办法帮你带这个物品回来，但我可以推荐一个很不错的货运公司。"

"很遗憾我不能去参加你的聚会，但下个周末我约你吃早午餐怎么样？"

最近我在网络上看到一篇文章，引用一段作家三毛说过的话：

"不要害怕拒绝他人，如果自己的理由出于正当。当一个人开口提出要求的时候，他的心里根本预备好了两种答案。所以，给他任何一个其中的答案，都是意料中的。"

这么讲确实没错。一个人有所要求，当然会希望你答应，但如果你拒绝，他也不会意外。

我们必须理解，在一般的人际往来之中，你不需要什么事情都说 yes，你得自己拿捏判断，要有说 no 的勇气。

最好的状态，应该就是身边的人口耳相传说："他很少答应人家的要求。但凡是他答应的，就一定做到！"

增加好感的友谊公式

　　人际关系是复杂又不理性的，有些人一拍即合，有些人天生冤家。但在懂得运用心理学的人眼里，是否能够成为朋友，甚至发展出感情，竟然可以用一套公式来推进。现在，我就要来向你介绍这套"友谊公式"。

　　这套公式来自 FBI（美国联邦调查局）前探员，也是心理学者的 Jack Schafer（杰克·谢弗）与知名人际关系顾问和作家 Marvin Karlin（马文·卡林）合著的一本畅销书 *The Like Switch*《如何让人喜欢我》。虽然它不能称为一套学术公式，但在实际生活的运作上，它还是挺厉害的。这套方法还曾经被美国的情报员运用，让他们成功结识其他国家的外交官，获得情报。这听起来像是心理战术，但就像一把刀是一个工具一样，它也可以是一样武器，就看使用者的心态了。我认为这个所谓的公式，其实就是一个知识框架，帮助你理解跟一个人认识的过程中需要注意的几个重点。

这个友谊公式一共有四个要素：友谊公式＝彼此之间的距离＋接触的频率＋相处的时间长度＋互动的强度。

让我一一解释。第一点，彼此之间的距离。宋代有两句诗："近水楼台先得月，向阳花木易为春。"意思就是：越靠近一个人，越有可能获得好处。这个道理可想而知，但我们如果与一个人还不太熟，一个比较合适的距离，就是要能够看到彼此但身体又不会接触到的距离。比如说在咖啡店隔壁的位置、在书店隔着一个小书架的距离，或是在公交车上两个座位的距离。

实体的距离元素在人际关系上是很重要的。如果说"见面三分情"，那光是"见到"，也有半分。如果你有个想要认识的对象，就想办法进入他的视线范围。你或许觉得他没有注意到你。不用担心，也不要一直跟踪对方，让他觉得你是个威胁或是间谍。能够处在同一个空间里，就是一个开始。

第二点，接触的频率。这指的是对方在一段时间内看到你的次数，而这个次数要多少呢？基本上是越多越好。这是因为人对于人的面孔，就像任何新鲜人、事、物一样，一旦不把对方视为威胁，就会开始习惯，而且习惯了之后再多接触，就会逐渐喜欢。

这是行为心理学中被证实的心理现象，叫作"单纯曝光效应"（mere exposure effect），为什么叫"单纯"曝光效应呢？因为在原先的实验中，学者们发现，光是接触的次数就会与好感呈正比。也就是说，你什么其他事情都不做，单纯增加你的能见度，就会让人喜欢上你。

最明显的例子就是流行音乐了。一首流行乐曲刚发行的时候，第一次听，你可能没什么感觉，但第二次，第三次，当你在上厕所、逛百货公司、搭公交车都听到这首歌的时候，你就会不知不觉地哼起这首歌，也会不知不觉地喜欢这首歌。这就是"单纯曝光效应"的威力。

我个人就有个印象很深的例子，也就是前一阵子超红的 *Despacito*（《慢慢地》）这首歌。一开始我不仅无感，而且还相当反感，觉得编曲唱腔都很俗气。但去年一整个夏天，我在美国听了不下一百次之后，回到亚洲，第一次在收音机上听到的时候，我竟然开心地跟着跳了起来！

这也就是为什么许多明星刚出道默默无闻的时候，就要多上节目，让人有多次见到他们面孔的机会。即便他们的表现不出色，没留下特别的印象，观众见到越多次，也就越容易喜欢他们。

所以，在友谊公式中，"露脸的次数"是绝对必要的。你一定要定期出现，让对方经常看到你。撇开其他因素，光是这一点就会增加交朋友的机会。

第三点，相处的时间长度。前面所提的距离也好，频率也罢，你要出现在对方面前够长的时间，才能化解一开始的陌生和尴尬。这也就是为什么"闲聊"甚至"尬聊"都比"不聊"来得好。

相处的时间长度，也受"单纯曝光效应"的影响。*The Like Switch* 这本书的作者就分享过一个他自己在 FBI 工作时的亲身案例。有一次他被指派要去访问一个被逮捕的俄罗斯间谍。许多跟这个间谍接触过的调查员都失败了，因为这个间谍冷漠无情，不跟任何人互动。Jack 面对这个顽强间谍的方法，就是每天早餐时间，到这个间谍被铐起来的小房间，坐在他面前的位置，不发一语地看报纸。时间一到，他也不发一语，把报纸折好，然后离开。

就这样一日又一日，过了几周之后，这个间谍终于在某一天问他："你为什么每天都过来这里？"Jack 回答："因为我想和你谈谈。"然后他继续看报纸，看完之后，又直接离开。隔天，当 Jack 再看报纸的时候，这位间谍就主动说："我想和你谈谈。"然后，Jack 顺利从间谍口中获得了情报。

当然，我们一般人不会有这种耐心，但我们可以从这个故事中借鉴的一点是，想要与一个人交朋友，必须两相情愿，而如果对方还没准备好，你也不要过于积极。只要能够让对方习惯与你相处在一个空间里，这个时间也会更容易让对方卸下心防，甚至勾起对方的好奇心和好感。

第四点，互动的强度。要是你成功透过前三个方法，让别人对你产生了好奇心，你还能做什么呢？所谓的"互动强度"，就是你透过语言与非语言，来和对方进行互动之中，是否给对方留下了好感。

透过肢体语言，你甚至一句话都不用说，就可以传递出好感的信号。

首先，就是眼神接触。开始交谈之前，眼神接触的频率要高，但时间要短。如果两个人不认识，超过一秒以上的眼神接触很容易会让对方感到不安。但当你们开始交谈的时候，眼神接触的时间要拉长。多长呢？建议是当你在听对方说话的时候，至少七成的时间，要看着对方的眼睛。那剩下的三成时间呢？你可以往左右边的上方看。这样可以传递出一个你在思考对方说的话的信息，也比往下看感觉来得更有自信。

其次，当你见到对方的时候，可以轻轻抬一下自己的眉毛。是的，人类学家发现，这种很快速的挑动眉毛，叫作 eyebrow flash（眉毛闪光），是无论世界哪个国家，无论哪个民族，见到熟人时会有的下意识动作，时间非常短，大概在 1/6 秒，传出的信号就是："我认识你，你好！"

而如果对方也回报相同的眉毛信号，就表示：我们不是敌人。要怎么运用这个技巧呢？在和对方眼神接触的时候，你只要微微抬起眉毛就可以了！这个动作的要点其实不是眉毛挑得多高，只要心想让你的眼睛张大一点点，眉毛也就自然而然会轻轻抬起。

第三，你可以微微倾斜你的头。在日剧当中，甜美的女主角向男主角撒娇的时候，常常会歪着头，对吧？但不只是女生，其实男生也会，只是动作稍微小一点。歪头这个动作其实是一个很强烈的友善信号。当你在跟人互动谈话的时候，微微倾斜你的头，只要 5 度就够了，对方的潜意识就会注意到了，也会容易让别人感觉你更值得信任、更具吸引力。记住，角度不要太大，不然人家可能会以为你落枕了！

第四，友善的最好信号就是微微地笑。微笑是一个强大的友好信号，也是最容易被注意的。但太刻意，看起来就很像假笑。人的大脑能够下意识地判断这个人是真心地微笑还是假笑。所以，要笑得自然，可能需要刻意练习！你可以请朋友帮你拍照。首先，做一个假笑，然后，在拍下一张照片前，请你先回想一次很开心的经历，或上一次你听到的一个好笑的笑话，然后再微笑，并请朋友把你的表情拍下来。两张照片比较，你就能看出差别了。你可以依照这张照片，在镜子前面练习。让这样的笑容变成一种自然的肌肉记忆，而且不要担心牙齿乱或自己笑起来不好看。相信我，唯一真正在意笑起来好不好看的，就是你自己，笑一下，就对了！

善用这公式的四个主要元素，你就有机会让陌生人对你有好感，认识你想认识的人。当然，里面的比重调配，什么时候该近，什么时候要给人一点空间，这就要让你自己的经验和当下的感觉告诉你了。总而言之，请你把握距离、频率和相处时间，再用肢体语言——眼神接触、轻抬眉毛、倾斜头部、微笑，向对方传递友好的信息，增加好感的强度。

接下来，就看你们怎么互动啦！你会发现，一开始，这一套方法需要刻意练习，但等你实际操作过几次之后，就会变得很自然，甚至到最后你会忘掉这个公式。因为交朋友对你来说就像呼吸一样自然又简单！

好朋友那么多，为什么还会寂寞？

打开朋友圈，看到有很多朋友天天晒自己和某某朋友今天去聚会，明天又要一起出去玩。你有时候不自觉地会羡慕他们，能有这么多的朋友该多好。他们应该不会有孤独的时候，但是如果你有机会问问他们，他们的答案可能会让你有点意外。

没错！如果要约个人吃饭，手机里可能有一打的人可以叫出来，但是他们还是会觉得很寂寞。朋友虽然多，但是想要找一个知心的人聊天却没有。你是不是觉得他们很矫情，明明很多朋友了，还在抱怨自己孤独寂寞？

有一种现代的现象，叫作"在一起寂寞"。你看一群人坐在一起，每个人低着头忙着滑手机，互相没有交集，这就是在一起寂寞。上下班的地铁站万头攒动，通勤者互相只忙着闪躲着彼此，头上挂着大大的耳机，每个人都成了"感官绝缘体"。大城市的人口持续增加，距离感却一点也没减少。人类文明发展至今，大概还没经历过这么拥挤，又这么无交集的存在状态。

宾夕法尼亚大学心理系做了一个大数据研究，统计了数万个脸书用户一年下来的帖文，把最常使用的字化为词云，再把这些跟那些用户的心理测验做交叉比对，发现不同心理状态的人，例如乐观和悲观的人，所惯用的词语都有差别。结果哪一个词与抑郁症有最强的关联？你猜猜看。

这个词就是 alone（孤独／寂寞）。美国心理学会（APA）在2017年度大会上发表最新的研究结果，发现越"孤独"的人，越容易早死，孤独对于人的健康与寿命的负面影响，已经跟肥胖的程度差不多。而孤独症将成为未来社会最严重的健康危机之一。

为什么朋友那么多，我们内心还是会寂寞呢？我们为什么会在一起还寂寞呢？

你可能会觉得，或许我身边的朋友都不是我想要的，自己遇见的朋友，都跟理想中的有一些差距，或者说我们会用缘分的强弱，来判断友谊的强弱。有些人话很投机，我时常想到他，我就认为缘分很强。但有一些人聊起来的时候断断续续，聊不太来，总是有一种很生疏的感觉，那这种朋友就好像是缘分很弱。又或者说，我们会不会自己把陪伴的标准拉得太高，因此感到孤独，这种孤独不是身体或外在现实上的孤独，而是内心认同与归属的孤独呢？

虽然很难相信，但心理学家近年来终于对"寂寞"这个问题进行了认真研究，去讨论孤独的感觉，与个人社交网络的大小之间的关系。结果他们发现，自己朋友的多寡，跟是否感到孤独只有轻微的相关性，也就是说，我们不一定会因为朋友很多而不会感到孤独，也不一定因为常常孤独就代表朋友很少。有时候朋友越多，认识的人越多，反而越容易感受到孤独的感觉。

人类学家邓巴发现，人类能够维持的稳定社交人数在 150 人上下，超出这个数字就会引发认知焦虑。我们朋友圈里的好友人数或许已经远超过这个上限，但这些朋友，或者说这些"联系"是真正的联系吗？那些随手按下的点赞，那些只言片语的回复，真的可以替代一次深夜里的促膝长谈吗？

在社交媒体的轰炸下，人变得越来越难以独处。孤独变成了一个亟待解决的问题，即使是几秒钟的孤独，也会被无限放大，让人转而求助于更多的"联系"，结果反而加深自己的焦虑，形成了一个恶性循环。也因为我们知道得越来越多，渴望也就越来越多，我们不再只是想要认识人或是有人陪，我们更想要有一个懂我们的人陪。但随着我们的孤独感受越来越强，再多的朋友也无法解决我们对于富有意义的关系的渴望。我们开始宁愿拥抱几个挚友，也不想要一群玩伴。

至于什么是挚友，什么是有意义的关系，才会让我们不再孤独呢？研究者发现，最基础的友谊因素，来自相互的自我表露，也就是真诚地对自己的状态交流。

如果我们在互动的机会中，都能尝试去表露某些关乎自己的信息，我们也会有一种自己的需求被满足的感觉，这种需求的满足，也会让孤独感下降。要获得这种感觉其实不难，只要每一次互动，有机会多认识彼此一点就足够了。有意义的互动，缘起于一种相互理解的尝试，理解不是强求的，而是透过不断的交互自我揭露去交换达成的。

所以如果你朋友很多，但大家都只是认识彼此一点点的生活，虽然玩在一起，如果只是一起玩乐，并没有进一步认识彼此的生活，认识彼此的喜好、个性的话，那孤独很自然就会由心中而生。反过来说，就算你只有一个朋友，但你可以从头到脚地讲出他的近况，而且对方也对你有很深的理解，你也不太容易觉得孤独。

所以当你出现在一起还孤独的痛苦时，要如何去面对这种痛苦呢？你可以告诉自己，外向与否，跟会不会孤独没那么直接的关系，孤不孤独与有没有发生有意义的互动才有关系。

然后，再回头看看自己是如何对待每一次的人际互动的；你是那种总是对人很冷淡、反应很少、很防备，但又喜欢跟别人说自己没什么朋友，常常孤独的人吗？

还是你是很喜欢跟别人分享自己的状况，但总是分享很多负面的抱怨，或是铺天盖地一大堆信息，却忽略别人的现况，事后总觉得讲了很多却没人懂，所以觉得好孤独的那种人？

或许在一起还孤独的痛苦只有一种解法，那就是要不断地提醒自己去了解别人，多问问别人的现况，以及努力分享自己的现况，减少自己想要隐藏的心态，主动去创造有意义的互动。你要不寂寞、不孤独，就要先敞开自己的心怀。

幽默，是沟通的洞察力

还记得几年前，我受邀到一家知名的学校演讲，校长一见到我就非常热情地说："我们家有一整套你父亲写的书！"

接下来，校长就大摇大摆地走上台，面对一千多位学生，大声地说："同学们，让我们用热烈的掌声来欢迎知名作家，刘墉！"

台下一片尴尬，学生们在拍手的时候都互相窃窃私语，校长是说错了名字吗？

校长本人一开始还不知道自己说错了，把我的名字说成了我父亲的名字。但当他发觉的时候已经过了好几秒，更正也来不及了。我看到他自己察觉的那一刻，脸整个涨红了起来。

我赶紧拿起麦克风，全场立刻安静了下来。

"嘿，大家好，"我说，"我是刘墉——的儿子，刘轩。"

全场哈哈笑了起来，响起一阵掌声。

我接着说："我刚到贵校，校长就跟我说，家里有我父亲一整套的书！所以我在这里要特别感谢校长，因为我自己的大学学费有一部分就是您贡献的！"

这时候，全场又笑了，又响起了一波更大的掌声。

演讲结束后，校长还特意过来跟我握手，感谢我帮他幽默地化解了一个原本很尴尬的场面。

"幽默感"可以解嘲，可以解围，可以解开心结，它真的是一个非常重要的能力。但你知道吗？早期在心理学界，对"幽默感"竟然曾经持有负面评价。

根据弗洛伊德的理论，幽默感是人的一种防备机制。透过幽默，我们隐藏真实的想法，或透过嘲讽来对他人进行攻击，就像是《甄嬛传》里面的宫女们会有的冷言冷语。

有些早期的心理学者甚至从这个理论中再进一步推论，说幽默感是一种自大、自恋或有攻击性的行为，因此应该要避免。还好后续的研究推翻了这派幽默感理论，不然就真的不好笑了。

幽默虽然可能带有攻击性，也可以是一种情绪的抒发，但当我们不只是从"个人情绪"的角度来看幽默，而是从两人之间的"沟通氛围"来检视它的时候，很快我们就会发现，其实幽默感扮演着一个很重要的调剂角色。

透过正确地使用幽默感，我们可以让其他人感觉更好，并且增进彼此关系当中的亲密感，甚至幽默感也可以帮助我们度过艰难的时刻，比如面对压力或面对巨大的悲伤。

幽默感不只会给你和其他人带来心理上的好处，对身体也好。有幽默感、常常笑的人，他们的心肺功能、循环系统比较好，甚至连忍痛的能力都比较高。积极心理学之父 Martin Seligman（马丁·塞利格曼）甚至把"幽默"列为 24 种最基本的"性格优势"之一。

美国喜剧演员 Milton Berle（米尔顿·伯利）说得好："笑，就是最立即地让心情放假。"我们会特别喜欢那些"有幽默感的人"。许多最受欢迎的明星，也是从演喜剧出道的。

对于在社交场合使用幽默感，我有三个建议。

第一点，调侃不是不行，但要尽量从对方"好"的地方下手。

偶尔我们可以透过一些无伤大雅的彼此调侃，显示生活其实没那么严肃。但你要小心，有些人就是开不了玩笑。他们不但不跟着你笑，还可能跟你翻脸。

有时候是玩笑太过火，分寸没拿捏好结果会有危险，但有些时候，是因为对方自尊心太强，无法接受捉弄。

基本原则：不能调侃人家的长相，即便是对方自嘲。像一个胖子会笑自己胖，你也不要跟进，更不要加码，因为你不知道他的自嘲背后是否有颗玻璃心。

我们来想象一下，你如果看到一个残疾人士，一定不会去调侃他走路扭来扭去的样子吧？

如果他跌倒了，即便样子很滑稽，你也不会嘲笑他吧？因为你知道，那是他能力的极限。

但如果你有个朋友是运动健将，本来手脚就很协调，第一次带他去溜冰，看他走路歪七扭八的，那调侃他应该是 OK 的，因为你跟他都知道，那不是平常的他，那也绝对不是他能力的极限。

有一个调侃的技巧，就是把一个人本来就视为优势的特征，做一个夸张的延伸。

举例来说，我有个朋友很爱聊天，他走到哪里都可以很快就跟大家打成一片。某次我们在计划行程，讲到要去跟旅馆经理争取一些优惠，我们决定派这个朋友去谈，同时大家也都调侃他说："要记得回来哟！给你三个小时！够不够？"

当然，这是有点在调侃他平常真的很爱聊天，不过也正是因为他很会聊，所以我们觉得他是最佳人选。

这个朋友也很幽默地回答："你给我三小时，我给你免费房间！"

他真的很懂得幽默的第二点原则：尽量善用"自嘲"。

有自信的人，往往很懂得如何自嘲，而这种幽默感是最令人欣赏的。懂得自嘲的人，在心理健康的指标上取得最高分，他们最容易感到快乐，往往也在社交上取得良好的结果。

这是西班牙的 Mind，Brain and Behaviour Research Centre（心智与行为中心）的研究结果。

没有人是全能的，我们当然可以为了面子假装自己都很完美，但或许当我们能面对自己的弱点，懂得幽自己一默，才可以让它不那么可怕，也更能拉近与别人的距离。

在不自我贬低的状况下，懂得自嘲，运用幽默，反而能让我们彼此拉近距离，让身边充满笑声。

最后一点，我们要培养"自省"的能力。

前面的两点其实说到了一个关键，我们能不能让别人开玩笑，对别人的玩笑一笑置之，或是我们能不能做到自嘲，其实都取决于一个关键，那就是我们自己能不能好好了解"自己"。

有时候我们可能会被别人无心的玩笑气个半死，为什么呢？因为我们会觉得他们"根本不懂"，怎么那么白目，那么没礼貌！

但扪心自问,我们会那么生气,也可能正是因为他们戳中了我们内心深处最担心、最脆弱的点。

而这时候,你需要自省,去更加了解你自己,培养你的自信。

这在积极心理学和正念的训练当中,也是一个非常重要的技能。自省不需要挖苦自己,简单来说,它源自一个问题,你只要问自己这一个问题就好:"为什么我会有这样的感觉呢?"

下一次你被朋友无心的调侃给搞毛了,就停下来问自己:"为什么我会有这样的感觉呢?"

也许你会发现,背后藏着一个你不好意思面对的毛病。如果这样,你是否能鼓起勇气来面对它呢?

也许一个朋友的调侃,正是激励你终于做一些改变的开始。有一天你因此而有了很大的收获,你还要回头感谢这个朋友呢!

就是因为这一点,在所有我看到有关"幽默"的名言名句中,我最喜欢的是美国幽默作家 Leo Rosten 的一句话:"Humor is the affectionate communication of insight(幽默,是亲切的沟通洞察)。"

我们对人生、对生活的荒谬和可笑的领悟,对身边的人因为真的很熟,而理解他们的特质和故事,所反映出的一种对于当下的 insight(洞察),以一个亲切、不正式,甚至不正经的方法说出来,就是最"透心"的幽默啊。

希望我们都可以成为一个对人生有洞察、有亲切感、有温度的天然幽默人。

避免消极性攻击的表达方式

几年前，有一部很红的电影《我的少女时代》。不知道你有没有看过？它讲的是 20 世纪 90 年代的校园青春爱情，里面充满复古的元素，像录音带、中分头、刘德华；还创造了一些经典台词，像女主角林真心这样跟男主角说："我们说没事，就是有事。没关系，就是有关系。"

在电影里，林真心说的是女生。但实际上这种嘴里说一套，心里想另一套的行为男女都有。有时候，这样的言不由衷带有攻击性，故意让对方看到藏在表面之下的怨怼，让对方知道自己不满。而这种行为有个特别的名词：消极攻击性（passive aggression）。

这名词一开始还专指男人。第二次世界大战的时候，有些士兵因为反战或其他原因，不想服从长官的命令。但他们也不敢公开地反对长官。因此他们会故意表现得低效，或用拖延的手段暗中违抗命令。当时，美国陆军部还认为这是士兵对"军队压力"

的反应。后来心理学者把这种现象套用在一般人身上，还把它定义为一种病态的特质，反映出病患感知到却不敢公开的敌意。

过了半个世纪，直到 20 世纪 90 年代，也就是林真心读高中的时候，心理学家才不再把"消极攻击性"当成人格障碍。因为他们发现这种行为非常广泛地出现在各种人身上，普通人有时往往也会流露这种倾向。

我们在家里、学校里或职场中一定遇到过这种人——时常口头上答应你一件事，却又不去完成。一下对你好，一下不理你。说一些讽刺你的话，当你真的生气了，他们却说只是开玩笑而已。总是有意无意地忘记重要的事。如果你身边有这样的人，他们很可能只是健忘，只是反复无常；但也有可能，他们正在对你做一个消极性的攻击动作。

这种人格特质是如何养成的呢？像那句老话说的："可怜之人，必有可恨之处。"

消极攻击性人格往往跟成长的背景有关。当一个人还小的时候，他可能曾经向父母表达自己的意见，可能反抗了父母的要求，结果总是因此而受到严重的惩罚。这个不好的回忆会影响到他未来跟人相处的时候，使他变得比较怯懦。

我们常说，家庭是第一个学习社会化的地方。但我们还小的时候，不会沟通，只会哭闹。哭闹就是我们表现负面情绪的方式。有的父母会要求小孩不许哭闹，要他们快快长大。其实这是在限制小孩愤怒情绪的表达。很多孩子为了讨父母欢心，会服从这样的要求。但久而久之，压抑的负面情绪就用另一种方式来表达了。

还有一些父母自认为是正确的观念，却带来不好的影响。比如，小孩子跟别人比赛输了，自然心有不甘。这时父母告诉他"输赢不重要"。这本来是很正面的思维，但如果父母一味地要求小孩"成熟"地面对输赢，不给孩子一个机会表现自己的不满，把负面情绪发泄之后再导正，最后，被压抑的情绪只好转成被动攻击。或者控制欲很强的父母、权威型的父母、溺爱小孩却不把孩子真正的需求放在心上的父母等等，都有可能导致消极攻击性人格的形成。

台湾以前有句话："每个人心中都有个小警总。"也可以改成每个人心中都有个小公安。有"消极攻击性人格"特质的人的内在正是如此。一旦他们想要公开表示自己的想法、意见或好恶，体内就会有一种恐惧油然升起。好像有个秘密警察在脑内纠正他的思想，告诉他：你不能这样想，更不能这样说、这样做。但他们还是想这样想，这样做，怎么办？只好用一种迂回的方式表达他们的立场。一旦被人指出，他们还可以否认，自己不是那个意思。

他们的口头禅常常是："我没有生气啊。""我都可以啊。""没问题啊。"但其实大大有问题。

消极攻击性人格往往也是严重的"拖延症患者"。为什么呢？他们不会直接告诉你他不想做这件事，但他会一拖再拖，直到别人受不了了，帮他完成。他因此躲过那件他本来就不想做的事。

我们在学校里一定遇到过这种人，分组报告的时候，一开始表现得很合作，但过不久就用借口不出席讨论，或甚至没做

PPT，其他组员要去cover（掩护）他，口头报告的时候迟到或突然生病。我们会说这种人懒散、不靠谱，或诸如此类。但有可能我们只是被消极攻击了。

在各种实时通信软件蔚为流行的现在，消极攻击性行为可以表现在信息中的遣词造句、标点符号，甚至图释里。比如，男朋友下班了要回家，你算准时间传信息给他："哈啰宝宝，可以顺便帮我买无糖酸奶吗？"他回你："好!"后面加一个惊叹号，这没问题。但如果他回你的是："好……"同样的文字，一个后面加上惊叹号，一个后面加上省略号。后者立刻表现出某种不愿意，虽然说的都是"好"。

最后他有没有帮你买回酸奶已经不是重要的事了。重要的是你知道他心里有事。

如果你也是个比较被动、消极的人，之后你就不会再请男朋友帮忙买酸奶了。但你可能会发个信息跟他说："我要去买酸奶，回家自己热晚餐。"加上一个冷漠的表情。于是，你也传达了不爽给他。这是一个恶性循环。情侣间的恶性循环尤其糟糕。如果你发现自己的另一半、家人或同学、同事正在对你做消极攻击，千万不要消极攻击回去。

那么，我们要如何应对身边有消极攻击性人格特质的人呢？直接攻击回去？或许这是个很"直接"的方法，但也可能会错杀无辜。因为第一点也是最难的一点，就是要认出什么是消极攻击性行为。前述种种，都有可能是，也有可能不是。我们要去挖掘这个"嫌疑犯"的动机或需求。

被动或消极的人，往往会把别人的需求放在自己的需求之上。但消极攻击性行为的人却相反。他们认为自己的需求更重要，又不愿意正面表达。他们用一种迂回的方式达到目的，甚至操控别人。所以辨别动机，计算疑似消极攻击性行为的频率是必要的。你可能需要记录一下你说的话、对方说的话。注意他的行动，而不是他的语言。一旦你认出了它，接下来就是要明确地设置边界。告诉他你不能容忍他一再犯同样的错。直接点出他所说的和所做的两者之间的差异。如果有别人在场，就当着第三者的面问他在想什么，是不是有什么不满。必要的时候，警告他"这种行为"最后只会付出更大的代价。说服他一时得了便宜并不划算。

最后，也是最重要的一点，不要被惹恼。我知道遇到消极攻击有多么恼人。因为他们永远表现得错不在己，有时候还会站在受害者的位置上。但对他们发火是无济于事的，淡定一点、深呼吸。最最重要的是，就算真生气了，也不要生闷气。那很有可能也让你自己掉入消极攻击性行为的模式里。

当我们学习到如何辨别消极攻击性行为以后，我们也要反求诸己，观察自己是不是正在对别人发起消极攻击。当自己的需求总是被自己压制时，就要小心了。有时候所谓的"温良恭俭让"正是消极攻击性人格最好的温床。

给人际敏感者的八个建议

当你经过一群朋友的时候，假如他们突然停下来，然后窃窃私语，还时不时用异样的眼光打量你，你心里是什么感觉呢？不知道他们在讨论谁？我衣服上有脏东西吗？他们在准备给我一个surprise（惊喜）？还是：糟糕！他们在排挤我！他们在算计我！他们想要陷害我！我又做错了什么呢？

遇到这样的状况，你会怎么做？无论你选择装傻、逃避、躲起来，还是愤怒生气，恨不得直接过去告诉对方："嘿！我很在意你们用这么明显的方式排挤我！"如果你的负面情绪影响了接下来的生活、对事物的决定、看待人与人关系的方式，如果不好好处理的话，说不定你对于人与人之间的信任都会出问题。

但会不会有另外一种可能：其实是你"太敏感"了，其实那一群人，根本没在看你，没有在讲你呢？这的确是一种心理异常的状况，叫作hypersensitivity disorder（超敏反应），有这种状况的人，会对人、事、物特别敏感。你可以说他们很细心，很善于察言观色，但太敏感了，则会误判许多信号。有意思的是，这种人往往还会特别容易身体过敏。也有一些情况，跟 ADHD（多动症）有关联。

还有人，有所谓的 rejection sensitivity（拒绝敏感性焦虑症），特别在意别人拒绝他们。这种人也时常会过度解读一些社交情况，认为别人在排挤他们，但其实并非如此。这种过度敏感，甚至会造成抑郁。这个因果关系也可能是倒过来的，数据显示，高达四成的抑郁症患者，罹患的就是所谓的 Atypical depression（非典型性抑郁），而这样的抑郁，源自长期在人际互动上所受到的排斥。例如学校中受过的霸凌，会导致之后的社交障碍让他们变得过度人际敏感。

人际敏感的人，时常会在社交相处上自主地表现出焦虑不安，他们会时常担心自己会因为说错某句话，而被别人批评，或是被人拒绝，因此在互动上表现得退缩回避。这样的焦虑更会反映在那些需要分享或贡献的场合，他们显得慢热许多，也不太愿意分享真实的感受，多说敷衍的话。他们会时不时打开手机偷看对方的朋友圈，害怕对方某一天把他屏蔽或删除他。

人际敏感的人，通常表现比较害羞，说好听一点，是比较内敛，但这内敛背后的原因，是害怕别人知道他们的真实样貌。因为他们认为，要是真实的自己被人知道了，就很可能会被人批评，这跟有没有自信不一定有关，只是对于被批评的风险有比较强烈的感受。

有些关于人格的研究发现，比较人际敏感的人，在人格上偏向冷淡内向。而在想法与思考上，人际敏感的人会特别去注意那些跟人际相处有关的信息，特别是那些有过不好经历的人。例如，如果你的朋友曾经背叛过你，你在之后的人际相处上，会特别去注意那些可能跟背叛有关的征兆。比如说，以前他每天都给你发信息分享身边的事情，到后来却很少给你点赞，你就会很在意这种事。

因为过度敏感，所以对这些威胁认为需要一直留意，一直准备好应对的事情，导致你会花很多心力，不断留意、不断揣摩，光是演内心戏，就让自己筋疲力尽。

对于人际敏感的人，又该如何克服呢？心理学家 Elinor Greenberg 提供了 8 个建议，我把它们称为"敏感人不能不面对的社交事实"。如果你本身就属于高度人际敏感族群，以下某些句子可能会听起来有点刺耳，但它们绝对是忠言。经常给自己这样的提醒，或许能减轻你的一些负面情绪。

1. 在和别人交谈前，先要给自己鼓励打气，要不断提醒自己：你很棒！你是值得别人喜欢的！这样在和别人交谈的时候，不至于表现得那么羞涩和紧张。

2. 会害怕与别人交谈，是因为太在意别人的想法。回头问问自己，你会因为身边每一个人——不管认识还是不认识，不管熟悉不熟悉——的一句话、一个眼神就难过生气，这样活得会不会太辛苦！其实你不必在意每一个人对你的看法！

3. 也许你会说，我可以不在意，唯独别人的举动或是言语没办法不在乎。可是，你又怎么能准确判断对方的举止是针对你的呢？也许他是因为阳光太刺眼所以皱了一下眉，而不是因为看到了你！也许他就是一个耿直的人，对谁都是这样呢？不必脑补那么多东西，事实可能与你想象的完全相反呢！

4. 即使说错话被批评，也不需要灾难化。事实上人与人相处，被批评或被忽略时常发生，有时候可能是对方的无心之举，有时候可能是对方为了你好，背后的原因可能是善良的。

5. 可能你猜的都没错，对方真的是有意要难为你、针对你。那你要知道，你不是任何人的生命中心，也不可能真正地成为别人的中心。人与人相处，本来就有不合拍的时候。

6. 很多时候，别人可能不是针对你个人，或许只是针对事情本身而已，他只是对事不对人。所以不必因为这些，而记恨这个人。

7. 或许可以想想看，如果你因为焦虑不安而不想跟人分享，导致错失了一个好缘分，误判了一个好机会，那不是很可惜吗？

8. 也许以上你都无法做到，那就尝试站在别人的角度想想，他们为什么会这样对待你，或许有什么需要你改进的地方，下次注意，改正就好！

最后，提醒自己生活的目标是什么，试着让自己的注意力多分配一点在自己想要达成的事情或人际相处上。你可以做一些能让自己转移注意，全心投入的事。当你把生活多分配一点到那些让你愉快的事情上，也就没那么多时间去烦恼、猜忌、困惑人与人之间相处的问题了！

有效沟通：难搞的家人，是你的修行

米兰·昆德拉写过："家，是所爱之人的存在。"言下之意，家不是一个空间，而是人的组合，或是说，是你所爱的人的组合。

你爱你的家人吗？这么简单的一个问题，可以有很复杂的答案。有时候我们想要爱家人，并没有比起爱其他人来得简单。有时候，正因为他们是家人，一切都变得更难。那种困难可能源于我们对家有一种愿望，希望它是完整的。好像一颗蛋，上面布满裂痕，但无论如何不要去敲碎它。

我有个朋友，她是个护士，平常在医院里要应付各种情绪不佳的病人，有些病人还会对她大吼大叫，不过她都能维持很专业的态度。但是回到家，她就一触即发，妈妈多跟她说了一句："别一直看手机好不好？"她就爆炸了："你干吗管我那么多?!"

我朋友发现，或许是因为工作的压力，她自己总是在回家跟出门前脾气特别暴躁。于是，她往往都会待在房间里，直到最后一刻才会出门上班。当然这样也更是减少了她与家人的相处，有时候母女两人一个礼拜不会说到三句话。

她说："怎么办？我也不想这样，但每次一跟家人讲话，就要吵起来！我都已经快变成茧居族了！"

"被压抑的情感不会就此死去，它们只是被掩埋了，总有一天会以更丑陋的样子再次出现。"这是弗洛伊德曾经写过的一段观察。

被压抑的亲情是最麻烦的，因为你无法选择自己的家庭，所以当你觉得跟家人的相处是 helpless（无助的），有一种无力感的时候，这种压抑的情绪就可能会扭转为 hopeless（绝望的），让人觉得生活没有希望。这是我们最不乐见的状况，因为家庭应该要扮演"接纳、孕育、提供安全感"的角色。一旦失能，一个人在自我发展途径上的风险就会大幅增加。

当然，没有人的家庭是完美的。有很多人从破碎、失能，甚至充满暴力的家庭中奋斗出来，后来也身心健全，智慧又善良。也有许多看似模范的家庭，竟然培养出一个变态。但我们必须知道，那些都是特例。

我们要看的是惯例，而惯例告诉我们，与家人的关系越好，一个人的心灵就越健康，越能够自我实现，越能够承受外面的挫败与压力，自己也越可能成为好的父母亲。这是一个良性循环，也是我们应当且必须认真培养的。如果你觉得自己的原生家庭有许多问题，是因为继承了上一代、上上一代的因果，那你就可以选择在你这一代改变这些规则。

所以，今天我想与各位分享三个与家人相处的基本建议，虽然基本，但许多时候我们还是会忘记使用。所以在这里，请把这些建议当作给自己的一个提醒吧！

　　第一个建议：不管是为了什么事而吵，在沟通之前，先调整自己的呼吸。是的，这一点很重要，因为呼吸平稳了，心跳和血压也会降低。为什么当我们愤怒时，会呼吸急速、心跳加快、肾上腺素飙高？这其实是天生的自我保卫的生理反应，也就是所谓的"战或逃"反应。对动物而言，这与理性无关。但如果我们用这套方式面对家人，只会激化冲突。尤其当我们被激怒的时候，我们的理性大脑会想办法来合理化我们的情绪，这时候我们会说出各种不该说的气话，或是有各种不理智的结论。你当下会觉得自己是对的，但其实理智已经严重受到了情绪影响。

　　所以，当你发现你快被家人惹恼时，先慢慢地深呼吸。你可以先躲回到自己的房间，躺着用腹式呼吸。当你躺下时，身体就会自动使用腹式呼吸。你可以把一只手掌放在肚子上，感受肚子的起伏。腹式呼吸可以很有效地降低心跳和血压。还有一种方法可以让自己冷静下来。发出一个"嘘、嘘、嘘、嘘"的声音，好像在哄小宝宝一样。当你发出"嘘"的声音的时候，牵动的肌肉和大笑时牵动的肌肉是一样的。

　　一旦你冷静下来了，再进入到下一个建议：先全心接纳自己和家人的状态。

　　你可能认为都是他故意引起纷争的，他搞得家庭气氛很紧绷。你可能觉得，你应该要让他知道，这些问题都出在他身上！或许你说的都对，但当你这样想这样做时，就增加了内心与现实的"对抗"。有一句英文谚语说："What we resist, persists（越对抗，越顽强）。"

这完全适用于难搞的家人身上。所以相反地，你要对自己说：我接受你的焦虑、不安，虽然我不知道原因。你让我们大家都跟你一样焦虑，但我接受。我接受你的麻烦也暂时变成我的麻烦。同时，我也接受自己的不悦。我接受我自己无法改变家人，但也接受这个懊恼的感觉是自然的，而我不应该因此跟自己过不去，不要再责怪自己。

这种自我疼惜（self-compassion）是一个很重要的观念，他让我们接受事实，也让我们理解不是每一种不如意的局面，都是我们的错，或是我们能够去改变的，也因此不应该把这个压力加在自己身上。而且，站在对方的立场思考，不要一下子就批评家人，虽然你可能都对，但这种急于想要把家人"形塑"成自己想要的样子，其实是一个很"自我"的观念。太直接的批评，也会让家人觉得受伤。

当你接纳了他的感受，进一步，你甚至可以让他做那个"对的人"。我知道这比接纳他的感受更难，但我们把它当成某种修行吧。你要试图放弃的就是"我是对的"这个念头。用接受彼此的差异来产生和平。这并不表示你必须"同意他"，而是让他了解你正试着了解他，让他感觉被尊重。比如当他很激动地说着自己的想法时，不要打断他，也不要立刻提出反面的观点。试着将他的说法再重复一次，让他觉得你在回应他，在认真听他说。我知道要接受一个人的情绪和你并不同意的想法，甚至行为有多难，会让人又饿又累。

因此我要提醒各位的是："允许你自己先满足自己的需求。"

本来都是站在对方身边，为对方设想。但现在你要站在自己身边。对某些人来说，这并不简单。我认识很多人，尤其是女士们，总觉得这样做太自私了。但记住那句老生常谈——爱自己才有能力爱别人。如果累了，就告诉对方你要休息了，你需要喘口气，到外面安静一下之类的。还有，不要因为冲突而忘记吃东西。这很重要。随时保持血糖稳定，会让你即便生气，也没那么有攻击性。一个人饥饿的时候表现出的侵略性，是另一个远古人生存下去的手段。那是人跟动物之间的厮杀。但它却会影响人跟人的相处。吃饱睡饱，有好体力，才有好情绪。

最后一点：别上钩。家人是我们认识很久甚至一辈子的人，他们最知道如何激怒你。但不要因此认为他们是为了惹你而惹你。他们很有可能是希望唤起你的关注，确定你这个人真正在意他。因为我们很多人都有一个秘密的、未完成的心愿：做个有用的人。想要对身边的人有用，却又不知道怎么做。或许你的家人招惹你，只是因为他不晓得怎么爱你。"爱"很抽象，往往需要具体的行为来表达。你可以向家人提供这个机会。

有一个朋友，她就深谙此道。像全家人去吃西餐，她的婆婆在餐点送上来前，又在嫌东嫌西。我那位朋友没有阻止她的婆婆，而是在婆婆耳边小声问婆婆可不可以帮忙教小孩正确的餐具摆法。她的婆婆在国外住过几年，她的这个请求合情合理，让婆婆觉得自己帮得上忙，一下子就转移了婆婆本来的情绪。

和难相处的人相处是一门艺术。和难相处的家人相处则是在家修行。今天和大家分享的只是其中几个法门。或许各位也发现了弦外之音，当我们这样想这样做的时候，也同时让自己免于变成一个难搞的人。因为很多时候，尤其在家里，我们互相把对方看作难搞的那个人。这是一个没有真相的谜。但我们可以试着解它，用理解和爱，而非单一的"真相"。

我最喜欢问自己的一个问题就是：Do I want to be right ？ Or do I want to be at peace ？（我要证明自己是对的，还是我要和平？）对于家人，我选择和平，这就是我的修行。

我就是喜欢你，没有为什么

我家里有一个很重要的角色，就是我的女儿和小儿子的一个玩具，那是一只鼻子弯弯的布娃娃小象。他们每天都要抱着那只小象，玩到它都起了毛球，脏兮兮、臭乎乎的，还爱不释手。

我就问他们："你们有那么多可爱的玩偶，为什么那么喜欢这只小象啊？"

我女儿说："因为小象的眼睛小小的，很可爱啊！"

我又问她："你不是也有个猫咪玩偶嘛，它的眼睛是大大的，你也说它很可爱啊！"

女儿就改口说："因为小象的鼻子长长弯弯的，很可爱啊。"

我又问："欸？可是你们也很喜欢的佩佩猪，就没有长鼻子，你们也很爱啊？"

"可是……可是……"

小孩子很可爱，他们不知道我正在逗他们，还很认真地继续寻找答案。那我们大人真的知道为什么喜欢某个东西，或某个人吗？

"那当然！"你会说，"我喜欢这件衣服，因为它是当季最新的，而且穿起来很好看。""我喜欢这个人，因为他对我很好，还经常关心我的健康。"

我们有理性的原因，也有感性的理由。但有时候呢，又似乎没有什么理由。喜欢，啊就是喜欢嘛！

诺贝尔经济学奖得主，心理学家 Daniel Kahneman（丹尼尔·卡尼曼）提出了一个"双历程"理论。他说：人在做判断的时候，有两种不同的思考模式在同时进行。一种偏向用感觉、过去的经验，靠直觉和情绪来做判断，这个叫"系统一"。另一种思考模式慢条斯理，靠分析、比较、计算细节，这个叫"系统二"。

当我们做判断的时候，这两个系统会同时运作。我们的大脑把这两个系统的意见整合，就变成我们选择的根据。

举个例子来说，假设你在一个寒冷的冬天，吹着风、缩着脖子跟朋友走在街上，一边想着晚上要吃什么。在你们附近有两家餐厅，一家是就在旁边的意大利面店，另一家是个火锅店，但是在比较远的地方。到底该选哪一家好呢？

这时候，你开始考虑：比较餐厅的价位、离你的距离、当时的交通状况，这些都是属于"系统二"的考虑。但同时，"系统一"也会开始运作，你想象自己跟朋友坐在意大利面店里，吃着那盘面的感觉，再想象围着一个冒着白烟的热乎乎的酸菜白肉锅的感觉。

你和身边的朋友互看一眼，同时决定：这种天气，该吃火锅吧！这时候打开手机，哎呀，附近叫不到车，又一阵寒之入骨的冷风突然吹过来，你跟朋友冷到脖子都缩到大衣里头去了，这时候又互看一眼，两人就快步走进了旁边的那家意大利面店。

那么请问，这是理性，还是感觉在做决定呢?两者都有。我们时常做决定就是这样。不只是我们的大脑，整个身体都会告诉我们要怎么决定。肚子饿的时候，你会想吃东西，并不是因为"系统二"经过了重重分析，才告诉你该吃饭了。而碰到复杂的问题时，也不只是理智的大脑才能做正确的判断。其实啊，全靠理智，说不定比你想象中还更麻烦!

医学界就有这么一个很有名的案例。有一个原本正常的人，因为车祸损伤了大脑的一个部位，叫"眼窝前额皮质"（orbitofrontal cortex），这个部位是我们的大脑用来整合各系统的意见的地方。痊愈之后，这个病人平常的生活看起来并没有受到什么影响，但是，他发现自己变得很难做决定。他无法整合直觉的感受，只能凭理智的分析来做决定。但这样使每一个决定变得超级复杂，有太多细节需要考虑，他的大脑被这些细节给塞满了，使他犹豫不决，无法行动，往往一整天，只能瘫在沙发上。可怜吧!

心理学家发现，"感觉"这东西，是方便大脑运作的"缩写"，把我们过去的经验、联想和各种复杂信息全都连接起来，给我们一个说不上来的喜欢或不喜欢，其实那就是在帮助我们做决定。英文有一句:"Follow your heart（听从你的心）。"我们都应该听进去，而且还要学着跟着感觉走。或者说，我们不应该刻意否定自己的"直觉"。但同时，我们也要非常"自觉"。因为这个"感觉"，也是很容易受到影响的，而往往这种影响，嘿嘿，我们自己也未必自觉。

像是：（打个哈欠）当旁边的人突然打个哈欠的时候，你是否也会跟着打哈欠呢？是真的因为你也累了，脑部缺氧，还是受到了别人的影响？或是因为看到别人打个哈欠，也提醒你，暗示你也要打个哈欠？

这种暗示和提醒，在我们的日常生活里经常出现，像是四处可见的广告版、LED电视墙、海报传单。多到我们可以视而不见，但真的能不被它们影响吗？

比如说，当我们很喜欢一件衣服的时候，真的是因为从美学的角度上来说，它比较好看，还是因为我们最近在杂志、网络、其他人身上，已经不知不觉看到了好几次？

心理学发现，当我们接触一个新品牌、一个新朋友、一首新歌，接触越多次，就越可能喜欢上它，这叫作"重复曝光效应"（mere exposure effect）。新潮流往往也就是这么开始的。坦白说，如果我们购买衣服都是看美学和功能的话，应该也就不会有所谓的时尚产业了。

为什么我们会忽然疯迷一件事？那东西真的好吗？还是我们其实也不知不觉，接受了某种影响呢？

在这里，我要提醒你要更"自觉"，你可以多注意自己的购买行为跟身边的信息有什么关联。你可以多问一下自己：我这个感觉，是从哪里来的？这不是要你否定心里的感觉，只是除了接受这个感觉之外，也对自己的感觉来源多一点好奇跟自觉。

有个更进阶的练习：写日记的时候，你可以记录每次做决定的思考过程，以及心中的感觉。尤其是在做复杂、困难的决定时，事后也把决定的结果记录下来。

　　建议你直接用一个写笔记的程序，记录在计算机里。这样，打一些关键词，就可以快速搜索，说不定还能避免你重复做不正确的判断。

　　所以之前讲的那句英文 Follow your heart，我加上后面一句 Use your head. You can follow your heart，if you use your head. 你可以听取心里的声音，用直觉帮助自己判断，但同时别忘了用头脑来思考，让你的直觉，多一点自觉。下次当别人问你："为什么喜欢?"你就耸耸肩说："我就是喜欢!"不需要多做解释，但其实你已经很清楚了。

摆脱单身的三步调频法

今天，我想送你一份情人节礼物，就是教你一套方法，帮助你找到理想的对象。这方法用得好的话，不只限于解决感情问题，在生活、工作、学习上，也都能为你带来很大的效能。这个技巧，我称之为"调频"（Setting the rightfrequency）。

在这个城市里，每天有成千上万个人擦肩而过，随处都可能是机会，就看你有没有发现而已。

我们怎么去发现呢？你可以很积极地主动寻找，或是被动地让机会找到你。哪一种方法的效果比较好呢？

对爱情这种难以界定，要靠感觉和运气的事来说，我认为最好的方法，就是有主动的清晰认知，同时敞开心胸，欢迎好机会的邀请。这时，你就需要"调频"。

"调频"有三个步骤：

一、为自己设定频率

二、降低噪声的干扰

三、打开心中的天线

让我一一解释：第一步，为自己设定频率，意思就是"搞清楚自己要的是什么"。

想找到好恋人，你得先定义出"好恋人"该有的条件，这是"为自己"定义，不是按照别人的标准。

当然，哪个女生不希望找到个"高富帅"？哪个男生不希望女朋友美丽又体贴？

这些条件太笼统，我建议你挖深一点，例如：我希望我的对象很爱养宠物，因为我最爱小动物了；我希望我的对象跟我一样是个吃货，这样我们就可以四处找美食；我希望我的对象跟他的家人相处得很好，因为我很需要这种家人之间和平温暖的感觉。

你越能够定义出内在的条件，越可以帮助你找到价值观相同的对象。只有价值观相同，才容易走得久。但你应该知道自己的价值观是什么，这当然越清楚越好。如果你还搞不清楚，也可以参考自己的兴趣、喜好、梦想、计划。你可以拿出一张纸，列一个清单，再按照你最在意的条件排列顺序。这个清单可要藏好啦，不要给别人看，自己心里有谱就好。

第二步，降低噪声的干扰，意思就是不要让自己过于着急，而心浮气躁。

逢年过节，身边亲友可能都会问"嘿，有没有对象啊？"。这种压力很容易影响我们的情绪，尤其到了情人节，看到朋友圈里有人在秀恩爱，也不禁会觉得"为什么缘分，总是少我一份呢？"负面的感觉，再加上身边亲友七嘴八舌的意见，都会成为噪声，令人着急，更降低我们的判断力。

这时候，我建议你多花一些时间充实自己，做一些让自己开心的事，学个新的技能，锻炼体力，让自己更健康、更平静。你怎么知道在做的事情对自己有帮助呢？就是当你感觉到身体比较轻松，脑袋比较清楚，心情比较自在，脚步比较踏实，内心自责和抱怨的声音减少了，那就是降低了噪声。心平气和，是调频非常重要的一步。你的思绪稳定后，再开放感官接收新的经验和机会，意外的好运就更有机会降临在你身上。相信我，当你学会爱惜自己，找到自在和自信，身边的人也能感觉出来，也会被吸引。

第三步，打开心中的天线。

这是在提醒你，别为自己设限。不要觉得自己定形了，"就这样了"，而停止吸收新的经验，或以先入为主的观念看待其他人。目标是放在心里提醒自己的，但你的态度还是需要开放。放开自己的心胸，不要太执着。这样，你才有足够的空间，接收意外的收获，因为爱情这回事，往往都发生在"意料之外"是不是？

就像是我们过年有"走春"的习俗，除了去亲戚家拜年之外，也是趁这个喜气的时候，多去外面活动，跟人接触。遇见陌生人，平常不会打招呼，但过年总是可以笑笑，说"新年好"吧？这不就多了一个互动的机会吗？

其实，我们天天都可以"走春"，带着正面的心态，见到人微笑问候，帮人扶个门、按个电梯。一个贴心的举手之劳，会给对方留下很好的印象。打开天线，也是提醒你注意自己的肢体语言。研究显示，展现开放式的肢体语言，会让人觉得你更有自信，也更有魅力。

想象自己是个天线，如果你要接收到最多的信号，就应该要伸展开来，不要缩在那儿，像个弱小的蓓蕾。还是绽放的花朵更能吸引欣赏者的目光。所以记住了：为自己设定频率，降低噪声的干扰，打开心中的天线。这就是"调频"的概念。

在这里，我想分享一个朋友的案例，我们就叫她安娜吧。

安娜很独立自主，是个事业有成的姑娘，多年前曾经离过一次婚，也厌倦了情场上的强颜欢笑。她自己一个人过得很精彩，四处旅行，但在内心深处，她还是会渴望有人陪伴。有一次，安娜去南美洲登山，独自在山顶眺望着美景时，突然有个冲动，她拿出笔，就坐在山顶的一棵树下，疾笔写下她对"理想的另一半"的期许。

她跟我说："以前我也不相信列清单这回事。但是真正坐下来写，反而能很诚实地面对自己，这时候，我发现我不再活在社会及别人的价值观里了。"

于是，她的"好男人清单"里的十几个条件，是一些她在内心深处觉得更重要的特质，像是"心智成熟""对钱有责任感（但不是守财奴）""乐观开朗""勇敢好奇"，甚至包括"在床上能合拍"，这也很诚实。写完后，她觉得心里一阵舒畅，下山后就忘了这件事。

过了一阵子，她认识了一位男士，很快便开始跟他交往。她自己很纳闷的是，这个对象的许多条件，像种族啊，身高啊，都跟她之前喜欢的类型不一样，那为什么那么跟他来电呢？

　　某一天，安娜突然想起了那个清单，好像还夹在当初带出国的那本旅游指南里，她把它找出来，比对了一下，发现了一件不可思议的事。那些她以前觉得自己会在意的外在条件，其实都没有在当时的清单里。但清单里写下来的几乎每一个特点，现在的对象竟然都有。

　　你能说这不是一个从天而降的意外惊喜吗？一个与安娜理想条件不谋而合的好伴侣，不在天边，近在她眼前。因为她知道自己要什么，心情平稳、不疾不徐。更重要的是，她保持开放的心，没有为自己设限。安娜遇见了她的真命天子，因为她终于知道：自己要的是什么样的真命天子。

　　所以今天，在情人节，单身的朋友请别慌张，有伴的，也来一起想想。我想请你和安娜一样，问问自己："我到底要一个什么样的恋人呢？"

　　当你完成了调频的前两个步骤后，就大步向前探索世界吧！

　　有了理性定下的基础，接下来就跟着感觉走。敞开你的心胸，展现真实的笑容，也许有那么一天，当你蓦然回首，你找的那个人，他就在灯火阑珊处。

哪有什么爱情，不过是生理冲动罢了

你有没有在哪次匆匆的巧遇中，突然对一个人产生过心动的感觉？像是某一天，在拥挤的电车上，满头大汗快要迟到的你地铁卡突然掉在地上，这时候有个人帮你捡起来，他一抬头，啊！你们彼此交换了一个尴尬的微笑，但是那瞬间袭上心头的感觉，让你幻想了一整天——你这个傻瓜！当时为什么没有停下来交换微信呢？

人，真的是一种很复杂的动物。我们有情绪，有冲动，有各种生理和心理的反应，而且还不一定知道为什么自己会有这些反应。你或许以为：我紧张是因为我喜欢他，我愤怒是因为我讨厌他，我激动是因为他做了什么才导致这样的感觉。但其实，你可能误判了自己情绪的来源。

这就是我今天要讲到的不理智现象：misattribution of arousal，也就是"由生理激发的错误归因"，也可以说是"唤醒的错误归因"。好啦，无论中英文都很拗口，它也有个通俗的中文名称，就叫"吊桥效应"。

这是因为，研究这个心理现象最出名的一个实验是在一座吊桥上完成的。是在加拿大温哥华的卡皮拉诺吊桥，从一百多年前，这座吊桥就只靠两条粗麻绳和香板木构成，摇摇晃晃地悬挂在二十几层楼高的山谷上，底下是一条河。一般的行人，光是看到那悬空的吊桥来回摆动，就已经够惊心动魄了。这个实验是直接在这座吊桥上完成的。

心理学家 Arthur Aron（阿瑟·艾伦）和 Donald Dutton（唐纳德·达顿）请来一位漂亮又没有恐高症的女性作为研究助手。他们请她就站在这座吊桥的正中央，在最摇晃的地方，等待 18 岁到 35 岁间单独一人经过的男生来进行实验。她请他们就在桥中间，花几分钟时间填写一份问卷，但这个问卷不过是个烟幕弹，不是真正的实验目的。在这些男生填写问卷的同时，女助手也会请他们做一些"看图说故事"的题目。

问卷填写完毕，就来到实验最关键的一步：女助手把自己的私人电话写在纸上，撕下来交给对方，说："谢谢你今天帮助我，我很乐意跟你讨论今天的实验。如果有需要，你今晚可以打给我。"哦！这是个暗示吗？结果有将近一半的男生，后来给这位美丽的女助手打了电话，希望邀请她出去约会。

而在实验的对照组，是请同一位女助手在一座坚固、接近地面的桥上，进行一模一样的实验，也一样给出她的电话号码，但这时候，只有 12.5% 的男生后来打给她。而且，很有意思的是，研究者发现在吊桥上的男士们，在看图说故事的时候，比对照组能编出更多有浪漫和性暗示的情节。

为什么会这样呢？因为"生理激发的错误归因"。你想想，当你站在一座摇摇晃晃的吊桥中间的时候，你会心跳加速、注意力比较集中、体温升高、呼吸变得急促，这些生理反应，跟一见钟情的反应几乎一模一样。而这时候，出现一位漂亮女生，你的大脑就把这些心惊胆战的生理反应误判为对这位漂亮女生的怦然心动。你也许不会认为是摇摆的吊桥使得他们心跳加速，而是有意无意地认为这感觉是爱情的火花。再加上当人紧张的时候，肾上腺素会使注意力更集中，所以你在这种状态下见到的人，更是会留下深刻的印象。

当初在大学心理课堂上，第一次听到这个经典实验的时候，教授就开玩笑说："建议各位同学，下次约会的时候，想要让对方心动，就带他去电影院看恐怖片，或是去游乐园坐云霄飞车吧！"

难怪钱锺书会写："哪有什么爱情，不过是生理冲动罢了。"不完全对，但其实啊，也好像没什么错。

当时，班上就有同学问："老师，如果人家不喜欢看恐怖片，会不会反而弄巧成拙，出来就说'谢谢，不联络了'啊？"这是个很好的问题！如果好的刺激能让你喜欢上一个人，那么坏的刺激会不会反而让你讨厌一个人呢？为了回答这个问题，心理学家又设计了一个实验。（你会不会觉得心理学家很爱捉弄人啊？）

在这个实验里，有一组人先受到"正面的刺激"，像是看一段令人哈哈大笑的喜剧影片；另外一组人则受到"负面的刺激"，像是看到车祸现场、战争、充满血腥画面的影片；对照组则是没有受到任何刺激。然后，所有的人都会看一段影片，里面有两个女生，其实是同一个演员，一个化妆得很漂亮，另一个则是被化成很丑的样子。研究对象要对这个人进行意见评分，包括会不会想要跟她约会，等等。

结果发现，只要受到刺激的人，都会比没有受到刺激的人，更会觉得漂亮的对象更漂亮，丑的对象更丑。换句话来说，前面的刺激所造成的生理反应，加强了他们对一个人的评价，好的变得更好，坏的变得更坏。至于之前所受到的刺激是正面还是负面，则是没有差别的。人只要是受到刺激，不管刺激是喜是悲，都会造成同一个结果，也就是加强他的喜爱或厌恶的反应。所以，看恐怖片，还真是个行得通的技巧呢。

这种"吊桥效应"对你我的影响还真是不小。有些资深的商人会说："谈生意啊，感觉对了，就是对了，感觉不对，就是不对。"

所以，为什么有些会议在晚餐之前陷入僵局，但后来双方去吃饭，酒足饭饱之后，三两句就敲定了？因为，生理感觉对了，心理感觉也比较容易对。

一个以色列的研究也发现，法官的判决在用餐前最严苛，吃饱或休息后则会比较宽容。这是整理一千多个假释的判决后看到的趋势，而且画成一个统计图表，明显能看到差别。所以你想，自认理智、公平的法官都会受到影响，那我们一般人呢？人累的时候会脾气不好，如果你刚从健身房做完激烈的运动，心跳加快、血压升高的时候去开会，这时候身体的亢奋，是否会很容易让你做出冲动的决定呢？你是否应该先让自己冷静一下，归零，或在做重要决定之前，先尽量排除那些可能会造成误判的生理影响呢？

这就是我今天想分享的重点：我们都会受到生理的影响，这是不可避免的。所以，我们要特别"自觉"，要懂得停下来倾听自己的身体，冷静思考真正的原因。

"我现在心跳这么快，是因为我真的对这个提案无比兴奋，还是因为刚才喝了两杯咖啡？""我突然觉得他好帅好美，是因为他刚才说的话，还是因为我刚才坐了云霄飞车？"这并不表示我们要抗拒这些反应，只是要增加自觉。相对来说，我们也应该知道，照顾好人的身体，也等于照顾好他的心情。所以，假设你有个重要的提案，但会议安排在下午5点，你知道客户可能会累，会比较不耐烦，是否要在路上买一些甜点带去开会？大家吃了，血糖提升，精神来了，心情好一点了，这时候你的提案也许就多了一点成功的机会呢。

有一次，我在纽约看一个百老汇舞台剧，戏演到最悲情的地方，音乐奏起，忽然舞台上朝观众打了一阵强光。我的眼睛一酸，随之鼻酸，我的泪水竟然就这么被逼出来了。我好感动啊！我想，这灯光打得好！激活了我的泪腺，但也加深了我对剧情的感触。我知道自己被耍了，但我选择被耍。跟着感觉走，让我更入戏，这不是更好吗？

当吊桥效应使用得好，就会像打对了光、进对了音乐，人的感觉会像是福至心灵，你就被感动、激活、启发了。我今天介绍它，是希望帮助你在了解、意识到它之后，能多多提升你的自觉。因为你有自觉就有选择权。我一直认为，"自觉"是心理学上很重要的观念。下一次，你可以多多观察自己的心情和身体的反应，当你掌握了自觉，就更容易观察到自己是不是正陷入不理性的状态之中。

那么不管吊桥有多晃，你的心都能稳稳当当。

用幽默化解嘲笑

全家便利商店有个经典的口号："全家就是你家。"

我记得好几年前，有一天，我收到一封朋友转来的简讯：好消息！全家有特别活动，只要在4月1号当天穿着睡衣，抱着你家的枕头，到任何一家全家便利商店消费，结账的时候跟店员说"全家就是我家"，那你的消费金额就马上打五折。哇！这么好？看到后我很心动，还顺手转给了好几个朋友。

但后来想想，觉得怪怪的，不太符合商业逻辑。4月1号当天，我就去附近的全家，问店员是否真有这回事。店员一头雾水："我没听说啊！"还正说着呢，就看到一个男生穿着睡衣跟拖鞋，抱着一个枕头走进来高喊："全家就是我家！"我这时候想起是几月几号，就笑翻了。

在国外，每年到了4月1号愚人节，很多人都会绞尽脑汁，想一些特别有创意的恶作剧。有一个外国网站，还整理出了史上最经典的几个愚人节玩笑。第一名的是在1957年，当年4月1

号，英国最有公信力的媒体 BBC，在新闻时段做了一则报道，说今年在瑞士因为天公作美，农夫们种的意大利面树全都大丰收。意大利面树？是的，在画面上，还看到一些农夫从树上收成一串串的意大利面。

这是一个精心制作，像煞有其事的假新闻。结果很多观众还真相信了！BBC 当天收到了许多观众来电询问，自己如何种一棵意大利面树？BBC 还一本正经地回答："请您把一根生的意大利面插进一罐番茄酱汁里，放在花园里，并给它灌溉满满的爱！"

很幽默吧！愚人节就是一个可以很有意思的节日。在这一天，我们可以透过一些无伤大雅的玩笑，显示生活其实没那么严肃。但有些人还是开不了玩笑，他发现是恶作剧，不但不跟着你笑，还跟你翻脸。当然，有些恶作剧太过火，分寸没拿捏好还是会有点危险的。但有些时候，是因为对方自尊心太强，无法接受捉弄和调侃。

自尊心是什么呢？是觉得自己值得被尊重的心态。那什么样的人最值得被尊重呢？当然就是有能力的人。有些人觉得自尊心受到打击时会非常生气，往往是因为他们觉得自己的能力被嘲笑或受到质疑。当他们说"你伤了我的自尊心！"，背后的意思其实就是："你轻视了我的能力！"我们只要留心就会发现，有一些没什么幽默感、自尊心特别强的人，往往他们内心其实是没有安全感的，尤其是对自己的能力。他们无法接受别人质疑、挑战他们的能力，因此会有异常强烈的情绪反应。

我有个朋友，是职业魔术师。他曾经告诉我，他永远不会跟任何人透露他魔术中的秘密。我问他为什么，他给我的答案跟我想的完全不同。他说："没有人喜欢觉得自己被要了。"因为魔术戏法的原理通常都很简单，所以把秘诀讲出来，只会让人失望："啊？原来就这样而已啊？"而你同时也揭露了一个对方的盲点、弱点，那就像是提醒对方："你很好骗哟！"没有人喜欢自己的弱点被揭穿。

有些人真的还会不高兴，觉得自己被这么轻易地要了很没面子，还会放马后炮说："这没什么了不起嘛！这个戏法一点也不高明！"不高明，为什么你第一次也没看出来呢？总而言之，对魔术师来说，第一原则就是：打死不说。当然，我这个朋友会成为魔术师，是因为他从小就喜欢变魔术。他说："我们都知道魔术是假的，但享受这个假象的精心呈现，不是很好吗？"每个人都有弱点跟盲点，接受它，生活反而会更好玩。

每个人都爱面子，但有自信的人也懂得如何自嘲，而这种幽默感是很令人欣赏的。

这让我想起一位来自澳大利亚的著名励志讲师尼克·胡哲（Nick Vujicic）。他的书《我和世界不一样》《人生不设限》都很畅销。他天生没有四肢，你看到他会觉得可怜，但他选择不要可怜自己，他正视自己的缺陷，甚至还会幽默一下，让人觉得他特别有亲和力。

他有一年跟美国航空公司合作，对乘客做个恶作剧。他穿上机长制服，站在登机口欢迎每一位乘客，说："我今天会是你的机师，我们将用一项全新的科技，让我可以用脑电波驾驶飞机！"这当然是开玩笑的，他也在起飞前向乘客们"自首"这是个恶作剧，那很有趣，你也可以看到没有人生气，虽然有几乘客也承认，看到他没手没脚还当机师确实有点紧张。但你看，他能够拿自己开玩笑这一点，正是他坚强又讨喜的地方，也是他为什么可以克服自己的心理障碍，变成一个激励人心的讲师。

没有人是全能的，我们当然可以为了面子，假装自己很完美，但或许当我们能面对自己的弱点，懂得幽自己一默，才可以让它不那么可怕，也更能拉近与别人的距离。

我小时候刚移民去美国时，在纽约郊区住的地方，左邻右舍都是白人，而有一户人家的小孩，会在我每次经过他们家时，跑出来把眼睛拉得斜斜长长的，对我"将强将强"，学中国人讲话的声音。有那么一天，我终于受不了了，就跟他们说："Sorry，你的口音不正确。我们不是'将将强枪'，我们是'窘窘将窘'。"他们没料到我会这么说，愣了一下，哈哈一笑，我们反而就这样破冰了。

后来跟他们混熟了一点，我才发现他们连中国餐馆都没去过。天哪，你能相信有这辈子没吃过 Chinese food（中餐）的老外吗？我就邀请他们来我家，吃我奶奶做的卤牛腱，但我也先蘸了很多的四川辣椒酱，看到他们吃完后龇牙咧嘴辣得要命的样子，我笑倒在地上。我们后来也成了很好的朋友。

后来我就想：如果我第一时间不是用幽默，而是用愤怒正义反击他们的话，那八成也就结仇了。在不自我贬低的状况下，懂得自嘲，运用幽默，反而能让我们彼此拉近距离、让身边充满笑声。这也是愚人节可爱的地方。

今年趁着 4 月 1 号，好好来想一下你要怎么整你身边的人吧！希望这能让你们在哈哈大笑之后，变得更亲近。

情绪勒索

你有没有过被别人勒索的经历？当然，大部分人没有经历过绑架勒索，但你知道吗，有另外一种形式的勒索，常常出现在我们的生活当中，甚至你我都可能曾经碰到过。这些勒索者要的不是你的钱，也不是你的命，但他们的一句话就可以让你难过，让你愧疚，让你一天的好心情毁灭殆尽。

他们可能会说："你怎么这么自私，我为你做了这么多，你居然不答应我？"

"我这么爱你，你怎么可以不理我？"

"你如果真的要这样做，我就死给你看！"

这一字一句，就像一只粗鲁有力的大手，紧紧地揪着我们的心脏，捏着我们的脖子，让我们喘不过气来。这样的现象，心理学家称之为：情绪勒索。

"情绪勒索"这个名词，是美国的心理学家 Susan Forward（苏珊·福沃德）提出的。1998 年，她写的 *Emotional Blackmail*（《情绪勒索》)这本书在当时相当轰动。近年来，心理咨询师周慕姿也以《情绪勒索》这个书名，让这个名词在中文市场火了起来。

　　情绪勒索，描述的是一种不良的相处关系。勒索人总是在关系中通过不合理的要求、胁迫、施压或沉默等手段，让那些他们生命中重要的人内心产生一种挫败感、罪恶感、恐惧或羞愧，来达成他们的目的。但有时候，达成目的也不见得是他们做这些事情的主要原因，而仅仅是他们的一个相处习惯，而被勒索的人久而久之也可能会习惯被如此对待。

　　之所以会被称作勒索，是因为我们这些被勒索的人，面对这种伤害也只能妥协。因为我们想要维持这段关系，所以用顺从的方式面对他人。而这些勒索人，往往也是我们重要的人。他们可能是我们的父母、我们的老师、我们的男女朋友、我们的另一半。所以这些人总是可以一句话就把我们的心情打入谷底，一声叹息，就能左右我们此时此刻的情绪。

　　通常勒索人的开场白都是："我还以为……""没关系啊！反正你都不在意啊……""原来你也知道啊？"比如说你在外地工作，好不容易回家一次，对方说："哎呀！你都多大了，要早点结婚，你看隔壁的小红，都40岁了，还是单身！估计一辈子也嫁不出去了！你可不能像她那样，女孩子嫁人就是二次投胎啊！上次给你介绍那个医生家的儿子，为什么不发展一下呢？妈妈都是为了你好！不然你以后会后悔的！"听完这些，你是不是倍感压力？只想深深叹口气！唉！好累！

　　其实，情绪勒索的本质是因为你认定这段关系很重要。不论是母子、婆媳、情侣、朋友，还是雇主关系都可能会这样。因为我们在乎这个关系，所以对方才可以用关系决裂来威胁我们。而我们不知道怎么去响应这种威胁，所以对方才可达到自己想要的目的。追根究底，这个原因就是：因为你在意，因为你想要维持和平，因为你善良。

你可以把情绪勒索这件事情想象成一种心理游戏，是一种想要掌控别人的强烈欲望下发展出的策略。为什么有些人会开始情绪勒索呢？往往这是跟自己成长的经历有关。如果小时候照顾你，时常跟你互动的人，不是用正面积极的方式跟你互动，不是鼓励你要独立成人，而是把你的生命体与他自己的绑在一起，给你溺爱的同时又让你觉得亏欠，让你只要有一点分离或叛逆，就会充满了内疚和罪恶感。这个罪恶感与对方的亲密关系纠结在一起，久而久之，就扭成了勒索人格。因为自己是这样长大的，所以自己有了权力之后，就这样去施压于别人。

情绪勒索者惯用的威胁方法有几种，我们从最主动攻击性开始：

第一种，称为惩罚的威胁。这种人会直接跟你说，如果你不怎样我就会对你怎么样。"你现在最好马上回来，要不然我今天就把门锁起来，你别想进来了。"或是"你不马上出现，我就跟你分手！""你不顺从我意，我就不要你这个孩子！"

第二种，是自我惩罚的威胁。这种人会跟你说如果你不怎样，他就会伤害他自己。"你现在最好马上回来，要不然我今晚都不睡觉，我只能坐着等你。""你对我不好，我会生病。""你不答应我，我就死给你看！"

第三种，怪罪者。这种人可能会跟小孩说："你看看，都是因为你们不乖，害我跟你爸吵架！""你看看，我今天会摔一跤。

是因为你害我操心，导致我昨晚没睡好，所以我现在跌倒了。我好痛啊！都是因为你啊！"这种八竿子打不着，或非常薄弱的因果关系，都成了这种人的武器。

第四种，叫作受苦者。跟怪罪者很像，但这种人是用一种抱怨的形式被动地抒发自己的想法，他们希望用抱怨与不直接的、比较迂回的责怪，来让你自己搞懂这个威胁想要表达什么。"我觉得我自己好差啊！是我自己没教好小孩，所以小孩都不会为我着想，早点回家！都是我自己的错，现在孩子都不把我放在眼里！"

第五种，我则称之为道德游说者。这种人会把各种观念挂在嘴边。"你父母年纪都很大了，你也要考虑他们的感受。""你不可以这么自私！他们养你这么大不容易！""你怎么忍心离他们这么远工作！回来也可以找到好的工作啊！这样才孝顺嘛，对不对！"

在我们的社会中，这样的现象特别常见，因为我们是一种重视社会角色的文化。我们每个人或多或少都想要扮演孝顺的子女，想要变成别人眼中好相处的伴侣，想要成为平易近人的朋友，想要当一个认真负责的员工。

也因为我们都很在乎这些角色必须尽到的义务，社会也鼓励我们成为这样特定的角色，所以也就让别人能用义务以及违反义务会产生的罪恶感，来操弄彼此的关系。而因为我们在乎，所以我们也时常会因此陷下去，被影响心情，而在内心难过。

面对情绪勒索，我们怎么办呢？虽然大部分的情况之下，这都是敏感而且难解的议题，但我们还是可以用一些方法去改变情绪勒索在我们生活中的分量的。首先，也是非常重要的，你必须知道，你无法跟这种人论理。因为他们的思考逻辑，他们的说服伎俩不是用理，而是用情，所以你用理来设法改变他们的作风，那是行不通的。

如果你已经长期被勒索的话，你自己得要先 undo（停止）自己这种长期的惯性思考方式。

首先，你要先停一停，不要急着回应。你要诚实地面对自己的内心，很多时候被勒索的人会想要当好人，希望获得别人肯定，会自我怀疑、过度在意别人的感受。但追根究底，就是你不够有自信，而且你不够爱自己。要先懂得照顾好自己、好好对待自己，你才能真切地去爱别人。否则，这样的关系下，你以为委曲求全换得的是爱，但实际上只是伤害而已，搞不好还会传给下一代。

其次，当你响应一个勒索者的时候，必须设立"情绪界线"。你很爱对方，你很重视对方，但你真的不需要为对方的情绪负责。当你能坚守这个界线，忍受他的激将，忍受他的苦肉计、他的指责、他的一哭二闹三上吊，直到这个勒索者比较和缓的时候，再跟他沟通，让他知道，你非常愿意跟他"一起"来解决这件事情。

情绪勒索其实是一个循环。当你要做出改变的时候，一定会遇到阻碍。但既然是循环，就一定要有切断的时刻，当他知道每次他勒索你的方式不再管用，而且当你的原则和界线稳固到他无法见缝插针，他才会开始考虑调整跟你相处的方式。

最后，我们必须重新定义"爱"的关系，从"没有你，我会死"的捆绑，到"因为有你，所以我活得更好"的互相尊重与祝福。因为真正能勒索你，或被你勒索的，都是你最在意的人。所以不要继续让"爱"的名义，把你捆绑在无法爱自己的状态。

前面说到情绪勒索的人，源自一种不安。而你要让重要的他、重要的对方知道，你会和他站在一起，一起面对各种困难。但必须要用正确的方式，你们才能携手一起面对。

情绪波动就像是你生活的背景，

好好地面对它，

它可以变成你人生当中精彩的画布。

Chapter 2　倾听内心的
声音

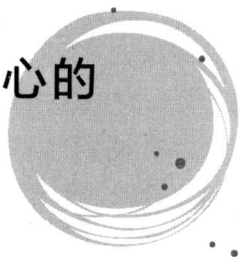

躁郁症

知名歌手陈奕迅在公众面前总是一副很开朗、搞怪的形象。2013 年，他突然发福，很多粉丝还时常拿他的照片恶搞。但没想到的是，他在香港红馆开演唱会的时候，突然当场和粉丝们道歉，说自己罹患了躁郁症！

这个消息一出，很多人感到意外，看起来如此亲切的 Eason，竟然也会有情绪上的困扰。但如果你回头上网搜寻一下，会很意外地发现，竟然有众多的名人和成功人士都曾经表示得过躁郁症。

什么是躁郁症呢？有很多朋友会把"抑郁症"和"躁郁症"搞混，其实躁郁症又称双相型障碍（bipolar disorder），是一种和情绪变化有关的心理困扰。我们一般人在一天当中一定会经历情绪的波动，患躁郁症的人也是如此，只是他们所经历的是极端的情绪波动。这两个极端分别就是"躁"和"郁"。

当他处于所谓的躁狂阶段时，他会异常开心，想法很多，想到什么就讲什么，想到什么就做什么，很有活力，不太会想睡觉或是睡不着，对什么都有兴趣，但兴趣又很短暂；可能会有点狂妄自大，觉得没什么事情自己做不到，也可能会比较易怒。他会有异常旺盛的精力，可是这种精力不是有精神的专注，而是一种躁动。在“郁”的时期，就很像抑郁症，他会进入一种闷闷不乐、伤心、提不起劲的状态，睡不好，吃不好，甚至失去生存的动力。

而躁郁症会被大家了解，是因为权威的美国心理学专家凯·杰米森用文字记录了躁郁伴随她日常生活的情形。她在书中提到自己时常被情绪左右，大多数时候她把这种情绪的亢奋视为创造的动力。但有时候，她说自己头脑病态得令人惊讶，死亡经常与她为伍，而且她看到的都是死亡的阴影。一般人很难从她现在的状态中想象这种背景，因为她现在已经是研究躁郁症的世界权威，曾获得“全美最佳医师”的头衔，长期在加利福尼亚大学洛杉矶分校的精神科门诊服务，担任门诊的主任。光鲜亮丽，又有学术地位的人，没有人知道原来她的研究会来自自己真实又痛苦的人生经历。

除了凯·杰米森以外，诺贝尔文学奖得主海明威也为躁郁所苦。他的性格变化多端难以预测，有时候在狂喜，有时候在极度抑郁，最终他用枪自尽。此外，伟大的艺术家凡·高，在充满张力的绘画作品背后，是自己疯狂的行为，他用自我伤害与极端的创作能量，来表达不断波动的情绪。

为什么这些名人在躁郁的时候有这么强大的创作能量呢？因为他们在躁狂的时候可以超级有自信，觉得自己无所不能，有用不完的精力和源源不绝的想法。但也有许多人无法运用这冲动，导致生活很混乱。比如有些人可以在一天之内挥霍掉十几万元甚至上百万元的钱，也有可能在一天之内打了上百通电话联络各方认识的人。这些毫无顾忌的挥霍，甚至需要靠法律的保护，才能让家人免于承受因为躁狂而挥霍掉的钱。

躁郁症患者就像是一个不定时炸弹，不知道什么时候就会爆发出自己的情绪。那么，是什么原因造成了躁郁症？主流的学界认为躁郁症的成因是偏向生理性的，可能跟遗传也有关系。很多证据显示，躁郁症是一种大脑失调的状态，我们大脑前额的功能因为神经传导物质的变异，难以维持在一个稳定调节的状态，造成要么是过分活动，要么就是动力不足。

此外，生活压力也是造成躁郁症的原因之一。因为我们现在生活繁忙、压力很大，导致有一种常见的文明病叫作"公交躁郁症"。这发生在日常的公交车、地铁上，尤其是早晚高峰时段。会有很多人因为下车慢了一点点，或者因为人多，不小心踩了对方，碰到了对方，就争吵不休。这样的情形还会传染，让其他人受到影响。其实，这就是因为压力的情绪压抑，造成的外在反应，所以会因为小事而控制不住自己的情绪，暴躁地表现出来。

得了躁郁症的人，即便是受到药物治疗之后，有时候还是没有明显的改善，为什么会这样呢？学者在研究之后，提出了一个"点火假说"。这个假说认为，因为躁郁症患者长期使用药物的关系，导致大脑能接受外来刺激的程度越来越差，所以我们使用药物的时间越久，就越容易因为小小压力的影响而陷入抑郁状态。

在现在的社会当中，压力无所不在，一个不小心，你也有可能在不知不觉当中陷入躁郁的状况，有时候可能程度轻微而你没有察觉。那么，我们要怎么样避免自己走向躁郁的状态呢？心理治疗在面对躁郁的时候，其实多数提供的是一种生活管理方法。情绪波动不管在躁郁症患者身上还是我们身上都会有，重点不在于"根治"我们的情绪波动，而在于如何与情绪波动好好共处。

我们要怎么做呢？有几点方法。

首先就是"觉察"。仔细觉察在日常生活当中，什么会让你感到焦虑、感到压力，并且探索为什么这些事情会让你倍感压力。在你大喜大怒的时候，是有特别的原因吗？

其次，评估你的生活是否有一些重大改变，例如睡眠习惯、饮食习惯，甚至人际互动的方式，有没有一些改变的状态。如大吃大喝、失眠或强烈嗜睡等状态，这些都是信号。

如果我们不幸陷入了躁郁的状况，有什么方法是我们可以采取的呢？

第一点，就是寻求一个稳定、长久的求助对象。这个对象可以是你亲密的人，朋友、爱人、家人等等。但他们需要长时间陪伴在你身旁，而你也必须让他们知道，不管发生什么事情，你都尊重并且爱他们，反过来也是一样。

第二点，强迫自己每天安排固定的运动时间。同时，你也可以准备快速活动身体的方法，比如跳绳、慢跑等运动可以平缓你的躁动，定期的运动也会让你释放压力。而一旦你觉得快要失控的时候，就请你跳跳绳、出门慢跑，让自己发泄多余的精力，或者可以进行深度的腹式呼吸，让自己的情绪可以迅速平复。

第三，请把你的财物给身边重要的他人保管。在躁郁症发作的时候，你可能会觉得无所不能，导致你开始乱花钱，而这时候你需要把财物事先交给重要的人，请他们为你保管到你度过这次情绪波动之后。

最后一点，感觉到情绪高潮与低潮的时候，你可以多跟家人、朋友分享你的感受。多跟其他人交流，也是让我们情绪比较容易平稳的方法。记得，也要请家人把危险、锋利的东西都收起来。

其实，情绪波动就像是你生活的背景，好好地面对它，它可以变成你人生当中精彩的画布。

多重人格

为什么有些人会得到多重人格呢？是他们被不同的灵魂附身了吗？从科学的角度出发，其实所谓的多重人格是有迹可循的，源自一些我们很多人都曾经历过的状态，这个状态，叫作解离。

回想一下你的生活中有没有发生过这样的事情：在某天下午，你非常专注地看一部电影，你完全投入其中，一直在想，那个人会不会是凶手？这时候你旁边走来一个朋友，问你等下要做什么，你还是专注在剧情，完全没有听见。直到他拍了拍你的肩膀，你才惊讶地发现他，问他："你什么时候在这里的？"

这是一种与现实生活疏离的解离状态。我们常常因为太过投入一件事情，而忽略了环境中的许多事物。就像今天你在听我的课，很难注意到你的妈妈也许在这个时候已经给你备好了一杯清茶，或者，你也很难注意到你坐的公交车已经上上下下换了很多人。

另外一个情况是行为与心志状态的解离。比如说你今天非常生气，无法控制自己，把东西乱丢泄愤。别人问你怎么了，你回答他："我自己也不知道，就是太生气了所以失控，虽然我知道自己做这些举动不对，但就是无法控制自己。"这种情况有时候喝醉酒也会发生，你做了一些失态的动作，你意识到这件事情，心里觉得不对，但你也没办法阻止自己。这也是一种解离的状况，是自己的心志与自己的行为疏离的状况。

解离其实是我们生活中很常见的状况，是一种我们与环境疏离的情况，严重的时候，更是一种身体与情绪疏离的情况。当解离发生的时候，你会发现自己与现实环境突然间疏离了。从别人的角度看，则是会认为你跟现实好像突然脱节，很像失魂了一样，变了一个人。

解离不是做白日梦这么简单，而是一种我们可能记不得也无法控制的心理经验，最常在我们精神状况不佳的时候发生。但很多心理学的理论认为，当我们面对强烈的冲击或创伤，例如家暴、灾难或犯罪时，我们更容易进入这样的状态。突然间发现自己不是自己，也不记得自己在干吗，就像一个抽离的旁观者在看自己做一些傻事，却无法控制。

心理学家认为，多重人格就是一种严重解离的状态，最著名的多重人格案例你大概也听过，患者叫作比利·米利根（Billy Milligan），也是畅销书《24个比利》的原型。

比利在1977年因为犯下多起强暴案和抢劫案而被逮捕。但他对自己犯下的罪行毫无记忆。后来经过精神鉴定，发现他患有多重人格。包含原本的比利在内，一共有24个人格在他体内。最后他在4位精神科医师和1位心理学家共同宣示证明下，获判无罪。

有部电影叫《三面夏娃》，女主角不同性格的转换也令人印象深刻。她有时候亲密地抱着猫咪，而有时又跳开说自己对猫过敏，有时外向奔放寻找着刺激，有时却又内向害羞躲避着人。仿佛有好几个人格在面对外在环境，医疗人员都感到震惊。

这种人格之间彼此疏离，就好像从某个心智状态突然间切换到另一个心智状态，用不同的行事风格与人互动，仿佛"突然间变了一个人"。多重人格在诊断上的名词，叫作解离性身份识别障碍（dissociative identity disorder，简称 DID），它是包含在解离疾患下的一个疾病。就如前面提到的几个例子，其实"解离"可以分三种层次。

初阶的解离，是指我们在感官上被某种经验占据，而无法处理接下来接触到的各式各样的刺激。比如说看剧太认真，没办法注意到旁人。

第二种层次，是一种类似抽离身体的现象，自己就好像旁观者一样观看着自己在游走的身体。比如因为过度愤怒或酒醉，做出了当下明知不对，但仍然失控的行为。

第三种就是最严重的解离状况，一个人发展出了不同类型的自我状态，每个状态都有自己认知世界、表达感情与行为的方式。就好像你的大脑突然间切换成另外一个人的大脑一样，就好像 24 个比利，他可能前一刻是一个 3 岁的小女孩，后一刻却切换成 22 岁粗暴的骗子。

其实，我们每一个人都有所谓的"多重人格"。因为我们的内心本来就是多元的，也隐含着不同形态的人格，面对不同的人，会有不太一样的行为和状态。有时我们会是个开放愉快的人，但在某些场合又变得退缩害羞，有时候讲话风趣，有时候又非常严肃。但不管再怎么多元的人格，我们都还是有一个中央主管者，协助统合一切。多重人格就是这种现象的极端例子，而根据研究调查，多重人格的患病率并不高，约为 0.01%。

那么，解离的状况为什么会发生，为什么有人会发展出严重的多重人格，以致犯罪呢？

在现阶段的讨论其实是非常有限的，但"解离"这件事情脱离不了创伤这个概念。这些创伤指的是严重伤害我们心灵的事件，例如性侵害，人为或天然的灾难，亲人的离去，或是曾经伤害到自己的犯罪案。这些事件突如其来，让我们没有预防的机会，所以严重冲击着我们看待世界的方式。这样的创伤往往伴随着强大的内在情绪，所以会激起我们个人自然的应对方式。

每个人应对创伤的方式不同，有些人则是采取解离这个方法。因为解离可以暂时直接断开我们与外在环境的联系，所以就成了一种我们面对内在强烈情绪的应对机制。所以可以想象，如果是简单地想要逃离现况，我们或许会用最初阶的解离，但当情绪到达一种强度，就会发展出某种病态的解离方式，让自己有一种"我不是我""这件事情不是发生在我身上"的感觉。而因为创伤跟解离这件事情息息相关，所以我们不难发现，罹患创伤后应激障碍（Post-traumatic stress disorder，简称 PTSD）的人，往往会发展出解离的现象，严重一点的，甚至会罹患多重人格。

学者认为，早年，尤其是儿童时期的创伤，会比较容易导致日后发展出多重人格。因为儿童时期，我们还没建立起完整的人格，一旦受到虐待与遭遇犯罪行为，为了应对，就可能发展出严重解离的状况。许多个案也都表示，比如电影《分裂》的主角，就是因为小时候被母亲虐待，以致产生"解离"人格，来面对现实与情绪。许多学者都同意多重人格的人"几乎都有儿时的创伤，无论是重复性的创伤，还是一次剧烈性的伤痛"。

我们要怎么面对多重人格的人呢？

有三个大的要点：一、陪伴；二、稳定情绪；三、协助唤醒主要人格。这个过程相当不简单，我们在陪伴的过程当中，必须用稳定的情绪，去和多重人格的患者互动，也尽量不要给予太多的压力，帮助他与不同的人格好好相处。大部分多重人格的患者不会记得另外一个人格所做的事情。你可以帮助他的是，不论现在你面对的是怎么样的人格，都让他可以专注于当下所要处理的事情，从旁协助、引导他慢慢可以正常生活。最后，需要尝试协助让最主要的人格慢慢茁壮，让其他的人格透过共同的想法与事件，将彼此统合在一起。

人的内心非常多元复杂，解离是我们面对超载情绪的应对机制。当你发现身边有人的行为有点改变，或许反映了他们正经历某种程度的情绪与内在创伤时，适时地体谅与包容，并在情绪稳定的时候给予关心，才能够协助他们不用以极端的解离去逃避现实。

走出抑郁的世界

歌手碧昂丝是全球最有名、最有影响力的女歌手之一。但你知道吗，连她在事业巅峰时，也曾经得过抑郁症。

在一次专访中，她坦诚地说："那段日子，我曾经一直待在房间，不吃任何东西，很难熬、很寂寞。我不知道我是谁，也不知道谁才是我的朋友，一切都变了。但要我公开坦承得了抑郁症也不太可能，因为当时'天命真女'才刚获得格莱美奖。我害怕大家不敢相信，也不会有人能理解我。"

抑郁症离我们并不遥远，在这个社交网络越来越发达的年代，我们反而更容易陷入抑郁。世界卫生组织研究指出，从2005年到2015年这十年间，全球抑郁人口增长了18.4%，全球约有3.2亿人罹患抑郁症。其中，女性罹患抑郁症的比例是男性的1.5倍。根据预估，到2020年，造成人类失能（Disability）的十大疾病，抑郁症将是第二名。

那么，面对这样的威胁，我们必须要先知道什么是抑郁症。

简单来说，抑郁症是一种身心现象结合的病症，诊断标准大致分为两种，情绪和行为。

首先，你要有抑郁的情绪状态，也就是你会用很抑郁或是很不开心来描述自己长期的状态。

其次，行为方面，你可能会遇到以下几点比较明显的改变：

第一，食欲的巨大改变，忽然吃得很多，或什么都不想吃。

第二，体重的改变，明显变胖或体重剧烈下降。

第三，睡眠的改变，你可能会严重失眠或严重嗜睡。

第四，总是觉得很累很疲倦。

当然，也还有一些表现不明显，但一旦留意就会察觉的改变：

第五，以前很有兴趣的事情，现在却完全提不起劲。

第六，很难专注，一直有想要自杀的念头。

第七，常常觉得自己没有价值，或常常有罪恶感。

第八，时常感到极度躁动，或是感到完全不想动。

这是一般心理医生诊断抑郁症的方法，仔细想想，你或你身边的人有没有符合这些状态的呢？比如对很多事情失去兴趣，饮食改变与睡眠改变，容易感到疲惫，甚至有许多身体的症状，例如头痛与胃痛，等等。这些都是可以早期发现，提早注意的。

当抑郁找上门的时候，我们会觉得很诧异，为什么过去活泼或是平静的自己会变得对什么事情都提不起劲，郁郁寡欢？抑郁的起头可能是一个生活中重大的改变，也可能是长期压力累积的结果。最终抑郁会改变我们的思考，不论是注意力的改变，记忆内容的改变，还是思考状态的改变。而我们之所以会持续抑郁，就是因为我们心态状态的改变。

人的思考历程可以大致分成几个阶段，接受刺激、选择注意、转化和运作、产生想法、决定行为等。你可以想象抑郁就是让历程中的许多片段产生了变化，让我们无法脱离那样抑郁的状态。

在选择注意上，有许多研究者发现，抑郁的人不自觉地会在生活中寻找让自己更抑郁的刺激，也会下意识地在内心产生让自己持续抑郁的想法。而当情况比较严重的时候，他们会选择逃避一切，什么都不去注意，封闭自己，无法注意到生活中令人感到正面的事情。所以你没办法叫抑郁症患者去看向事情好的一面，因为在这样的机制当中，他完全看不到。

在记忆生活点滴时，研究者也发现，抑郁的人会特别记得那些跟抑郁有关的事情，这个过程有时是有意识的，有时是无意的。他们会清楚记得那些引起自己抑郁的事物。

此外，抑郁的人会将生活中很多无关的事情跟自己的抑郁做联结，即便这些是分开独立的事件，他们还是认为是因为他抑郁了，所以爸爸跟妈妈才会感情不好，阿猫跟阿狗才会分手，天空才会下雨，等等。抑郁时会看什么事情都很不顺，都让自己难受，因为会把这些无关的事情纠结在一起。

他们也会主动打造自己的抑郁世界，在诠释事情上比较悲观，时常陷入自己的思考。

在心理学里把这种状态叫作"抑郁反刍"。他们会一直重复咀嚼生活中不顺、不公平的事情，有时一直去想，但有时候又会去过度压抑自己的想法，导致自己产生更多的抑郁想法，会在这种矛盾的内在思考中不断循环。要是身边重要的人陷入抑郁，我们要如何帮助他们呢？

第一，"倾听"是我们最好的工具。

可以让他说他的想法、他的过去，除了宣泄以外，也可以帮他平衡、厘清过去记得的事情。当他负面评价一件你觉得很好的回忆时，可以适时地加入自己的观点，让他知道你认为这个回忆是美好的，是值得感恩的。好好地听抑郁的人说自己的事，才能让他对自己的记忆越来越具体，而你也能了解这个人抑郁的原因。

不过，这是一个辛苦的过程，因为当他把事情都诠释成负面的、悲观的、没有希望的，这样的情绪就像旋涡，可能也会因此把你带进去。所以，你必须做好准备，提醒自己务必维持平和看待世界的眼光。你是一个对照组，当你在分享不一样、正向的感觉时，抑郁的人一开始或许会排斥，这时候你就要先暂停，继续倾听。提醒自己跟抑郁的人相处时，重要的是先理解与认识对方的生命历程，要先有完整的认识，才有办法介入，否则你的介入也可能是一种偏见。

第二，帮助他"改变思考、改变外在的环境"。

其实就跟植物一样，如果身处一个潮湿、阴暗的环境，许多植物都会枯萎。但如果移到了通风、明亮、阳光充足的户外，这些植物又会重新成长绽放。所以我们在抑郁患者身边的一个功能，就是带他们走出去，去接触新的事物，去运动，去扩展生活的可能性。而且必须不厌其烦地去做，因为刚开始会遇到非常多的挫折，会很辛苦，但久而久之就会变成一件好玩的事情。因为他会从新的活动中获得新的刺激与满足，而你也因为他的微笑或小小改变而为之振奋。他可能会从某种活动中获得快乐，想要在这样的环境中交朋友，认识新的人，这就是跳开轮回的第一步。

最后，如果是身为抑郁患者的你，要如何改变自己的抑郁状态呢？

这个过程一定不容易，但有几点方法你可以去尝试。

首先，你要了解抑郁症是一种思考循环，不管遇到什么样的事情，你的预设思考就是会往抑郁的方向前进。那么你需要做的，就是强迫自己思考其他的可能性。其中一个办法，就是检视并调整你的思考框架。抑郁与悲观的人，往往会认为许多事情的发生，是个人的，永久的，不可改变的。但其实很多时候，事情的发生是环境造成的，而且是短期的，也是可以改变的。所以，强迫自己改变思考的惯性，是一件困难但非常需要做的事情。

其次，调整自己的注意力，尝试不同的行为，比如去运动，并且在运动的时候注意自己身体的感觉，感觉肌肉的紧绷与放松，以及你的心跳，等等。或从事正念冥想练习，专注在你的呼吸。透过这些活动，重新调整你的注意力。

第三，求助专业的心理医生，配合治疗。很多人会觉得罹患抑郁症是一件可耻的事情，不愿意说出来，导致延误了治疗的时机，让病情变得更严重。其实，要建立一个概念就是，心理疾病就跟生理疾病一样，就好像你肚子痛会吃药，感冒了会去看医生一样。甚至对抑郁症患者来说，愿意主动走出去，寻求专业的帮助，这个行为本身就是一种改变。

我们在开头提到的歌后碧昂丝，在一次访谈当中也透露出，其实当初她能够走出抑郁症，一部分靠的是她母亲的鼓励，另外一部分是靠自己强迫自己去改变的决心。抑郁症并不是一种好治愈的疾病，但是如果你先踏出第一步，试着调整自己的思考轨道，你会发现，这个世界可以看起来不一样！

手机焦虑症：不做社交奴隶

在这个网络发达的自媒体时代，几乎人人都有个社交账号，用来和朋友互动，接收新知，也用来工作。社交媒体就像空气一样，已经成为我们生活中不可或缺的一部分。

但最近《哈佛商业评论》发表了一个研究：经过对5000多位用户的观察，使用 Facebook 的时间越长，人就越不开心。虽然这个研究是针对 Facebook 的，但其他的平台也都大同小异，一样有个不断更新的墙面，不断出现亲人、好友、同事、点头之交、根本不认识的明星的各种生活分享。（奇怪，我到底哪里认识过这家伙？）

举例来说，我有个朋友小文，长得很漂亮，也在经营自己的社交网站版面。

一有时间她就在刷手机，自拍、贴图，上传帖文，再查看自己的帖文获得了几个赞，也看其他朋友的帖文。

不久之前，小文问我："为什么别人的生活总是那么多姿多彩，而我自己的生活总是那么单调无趣？"

"不会啊！"我跟她说，"每次看你的分享都觉得你超会过日子的！"

这让她开心了一下，但接着，她又皱起眉头。"人家的照片都可以拍得好美啊！不知道他们花了多少时间修图，我光修一张图就快烦死了！"

你看，多奇怪，多不理性！明明觉得烦，但还是不停地做，这是什么心理状态？而且，如果看别人过得好，会觉得吃味，那为什么还是一直要看呢？

要了解这一点，首先，我们要知道人类是群居动物，我们的大脑会特别注意其他人的状态，尤其是认识的人。这自古以来是我们的生存条件，为了自保，我们一定要知道朋友和敌人是谁，久而久之，这种对同类的好奇，已经成为本能。当我们获得同伴的肯定时，会觉得快乐，这也是本能。

根据心理学家马斯洛的需求金字塔，自尊和归属感都是人的基本心理需求。科学家在让人上社交网站时，给他们做脑部扫描，就发现每当人获得一个"赞"的时候，大脑的内部反应就好比获得了一个拥抱，这就是一个奖励。这就好像心理学经典的巴甫洛夫实验，当我们给狗狗食物之前，先摇一下铃铛，反复几次之后，下次再摇铃铛，就算没有给食物，狗狗仍然会分泌口水。因为狗狗的大脑已经把铃铛声与获得食物两件事情绑在一起了，铃铛声让它开始期待食物出现。

同样，每次你的手机一响，你的大脑就知道：有新信息了！不知道是谁？他们会给我一个赞吗？他们又有什么新鲜事发生了？刷一下手机，获得一点精神奖励，多巴胺的快感闪过心头。日复一日使用它，大脑就会养成习惯，并对使用社交网站这个行为产生期待。这时候，一点开那个 App，一听到新信息的铃声，你的大脑就会分泌多巴胺，促使我们去满足那个冲动，就像是流口水的狗狗会期待食物一样。

但是，人们反复经历社交媒体带来的愉悦感后，却会越来越难再对相同的事情产生相同的感受。因为分享自己的生活，获得许多赞虽然很爽，但问题是朋友不在你身边啊。你的大脑虽然觉得自己获得了一个拥抱，但事实上，你还是自己一个人在家里。这就是在社交网站浏览许久之后，那莫名其妙的"空虚感"的来源。就好像你今天吃了很多"蒟蒻"，似乎有了饱足感，但其实没热量。在社交网站感受到的甜蜜，没有了真实的互动和接触，那只能说是"代糖"。

如果你要减肥，吃蒟蒻或许很好，因为你要刻意欺骗自己的胃，让你吃进的热量比你消耗的热量少。但如果你今天要更快乐，但你却在用"代糖"鼓励自己，虽然看起来朋友圈很热络，每天获得一堆赞，但你付出的精力换取的是真正的快乐吗？

美国年轻女歌手 Selina Gomez（赛琳娜·戈麦斯），是 Instagram 这个平台上粉丝最多的明星，她的 follower（追随者）超过一亿人，但她某一天突然宣布，自己要退出这个平台了！她说，每天自己要花好几个小时拍照片、修照片，发布更新之后，还要再花几个小时关注人们的点赞和评论，睁开眼后第一件事和闭上眼睛前的最后一件事都是刷 IG。她说："医生告诉我，这已经是上瘾状态了。"Selina Gomez 后来停止刷 IG 去接受心理治疗，现在，她的账号都交给团队管理，她本人已经从手机上删除了这个 App。

针对网络成瘾症，美国匹兹堡大学教授 Kimberly S. Young（金伯利·扬）设计了一份诊断问卷，您可以来自我测试看看：

1. 你是否脑子里想的全是上网的事情？（之前的经历或下次上网要干吗？）

2. 你是否感到需要花更多时间在网络上才能得到满足？

3. 你是否曾多次努力试图控制、减少或停止上网，但并没有成功？

4. 当减少或停止上网时，你是否会感到心神不安、郁闷或容易被激怒？

5. 你每次上网实际所花的时间是否都比计划的时间要长？

6. 你是否因为上网而损害了重要的人际关系，或损失教育、工作的机会？

7. 你是否曾向家人、朋友或其他人说谎，以隐瞒自己上网的卷入程度？

8. 你是否把上网作为一种逃避问题或排遣负面情绪的方法？

以上 8 个题目中，如果你有 5 个以上回答"是"，那就要留意自己是不是可能有网络成瘾症的倾向了。

如果你对社交网站欲罢不能，那我要你做一件很大胆的事：拿起你的手机，打给一个好朋友，跟他约出来聊天，并且跟他说："你不能放我鸽子哟！我不会带手机！"你朋友可能会觉得你疯了，但这是个挑战，请把你的手机留在家里，勇敢地走出去吧！你可能会感受到短暂的焦虑，但 10 年前还没有智能型手机，我们不还是过得好好的？哦，对了，别忘了带你的钱包。

　　与朋友建立真实的互动，一起逛街、聊天或是运动，那种愉悦的感受，想必会跟使用社交媒体的感受有所不同。与朋友一起消磨时光这种经历，绝对会让你记得更久，回忆起来也更为真实。

　　反复进行几次之后，或许你也会再次发现，真实的生活和朋友的会面，虽然没有刷屏来得快，但绝对更有快乐的养分。

三步教你"读心术"

我之前跟一位心理学大师学过一种方法，可以在毫不接触的情况下，对人的个性和心理特质做一个详细的分析，很神奇！现在，就让我聊聊你是个什么样的人。

以下就是你的个性分析：

◆ 你相当需要别人喜欢、羡慕、尊敬你

◆ 你常对自己要求严格

◆ 你觉得自己有相当程度的潜能尚未被开发

◆ 你自觉在人格上有缺陷，但有能力去弥补它

◆ 对于新事物，你充满兴趣，不喜欢一成不变

◆ 虽然外表上你看起来相当有自制力，但内心却常常没有安全感，并担心自己的表现

◆ 你发现有时候对别人坦白并非好事

◆ 你有时很外向、开放，有时却相当内向、保守

你看，科技的发展已经让我们不需要直接互动就能够做出这些判断。是不是很惊人？如果你觉得以上的分析算是准确的话，那我要跟你说一个更惊人的事：这段分析在 1948 年就已经被写下来了。

在你觉得时空错乱之前，请让我解释这个分析的起源。

1948 年，心理学家 Bertram Forer（伯特伦·福勒）为他的学生们做了一个性格测验，叫作 The Diagnostic Interest Blank（诊断性兴趣量表）。每一位学生做完测验后，隔天就能获得一份专属的个性分析报告。Forer 教授请学生们阅读自己的报告之后，依准确度给予评分，以五颗星为满分来说，学生们平均给自己的报告打了 4.26 分，显示准确度相当高。

这时候，Forer 教授便透露他的特殊技巧，也就是：他当天去报摊上，买了一本占星学的杂志，随机从里面选出了几段文字，拼凑在一起。Forer 教授这时候也请所有的学生看彼此的报告，大家才发现，每个人的报告里写的都是一模一样的文字。而这些文字翻译成中文，也就是您在一开始的时候所看到的个性分析。

很抱歉，或许让您兴奋了一下下，但其实我并没有用什么厉害的大数据，你的个人资料也还是很安全的，请放心。但如果您觉得刚才那些分析有点准确度的话，那就是因为"对号入座"的心理现象了。

当我们认为自己听到的是量身定制的个人分析，即便是笼统的形容词，也会不由自主地对号入座，觉得每一句话都在形容自己。但其实它也几乎形容了所有的人。

这个现象俗称福勒效应，来纪念耍了自己学生的 Forer 教授。

它的专业名词则是 subjective validation（主观验证效应）。其实，要让人觉得很准并不难，只要你能做到以下 3 点：

1. 信息必须"个人化"：对象必须相信这是为他量身定制的分析结果。

2. 对象必须信任这个分析师的权威。

3. 分析内容必须褒多于贬，最好是先褒再贬。

福勒效应也解释了为什么那么多人会对算命、塔罗牌和各种神秘论执迷不悟。当你看到好像与自己相符的分析时，很可能会给予这分析高度评价，而且把信念和希望寄托在这个分析者身上。换句话说，主观验证之所以对你产生影响，主要是因为你心中"渴望要相信"。如果你能了解到这点，也就能知道许多灵媒、神棍为什么总能成功行骗了。

几年前，国外有个很夸张的诈骗案件，一名 32 岁的纽约男子为了求爱，找了"灵媒"来帮忙。

灵媒告诉他："你爱的女子对你无动于衷，是因为你有太多负能量，需要施法。"但灵媒需要一个法器，这法器是什么呢？一枚 Tiffany（蒂芙尼）钻戒，不是要送给追求对象，而是要送给灵媒的。

这名男子还真的就买了钻戒给灵媒，灵媒又告诉他："你们是天生绝配，但两人身边都不太干净，有个前世的阴魂，非常难缠！"灵媒说，自己需要一个"时光机器"回到男子的前世来消除孽障。而这个时光机器，是一块价值 3 万美元的劳力士手表。

男子买了表后，灵媒又说需要搭一座灵界的桥梁，要价 8 万美元，后来又说桥不够长，男子又付了 1 万美元。

结果某一天，这名男子在 Facebook 上看到消息，发现他追求的对象已经死了好一阵子了！他去找灵媒算账。"哎呀！"灵媒说，"你看吧！这个阴魂果然厉害，都把你爱的女生给弄死了！没关系！我可以把她可怜的孤魂安置到你下一个恋爱对象身上。"

结果那男的听了，竟然又掏腰包付了钱，来回搞了将近两年，他所有的积蓄都花光了，这位痴男才不得不向警方求救。警察把他前后付的钱通通加起来，有 71 万美元，合 400 多万元人民币，将近 2000 万元新台币！警察都说：天下怎么会有这么好骗的人?!

就是有，而且还多的是。报纸上总是会出现这种骗财又骗色的新闻。令人不解的是，这些人听到要在阴间购买地契啊，要"阴阳双修"啊这种显然对他们不利的歪理，怎么可能还会相信?被骗的人相信，因为他们希望相信，而且也需要相信。

人在最软弱的时候，最容易把希望寄托在别人身上。

因为人与人之间的相似程度其实很高，只要话术有点技巧，听起来似乎就会很准。而且，只要人想要相信一件事，就一定可以找出各种值得相信的理由。就算是毫不相干的事情，也可以找到一个逻辑，让它跟自己相关！

当你读到一句"你的问题就是虽然看起来很强悍，但经常把爱人惯坏，反而伤害了自己"这样的评价的时候，你会马上在记忆里搜寻到一段对应的过去的事，只要分析符合刚刚说到的"个人化""权威性""褒多于贬"三大特点，你就很容易自动买单！

人们需要希望，才能好好生存在这世上，但偏偏人生不如意事十之八九，于是，我们会努力对那些自己有兴趣的评语、结论对号入座。因为我们都希望相信这些，而且也需要相信。但要注意的是，你是否因为对希望的渴望，所以被人刻意操弄了呢？我们必须时时提醒自己，别因为过度对号入座而执迷不悟，让自己步入一个骗局。因为最大的厄运，就是把自己的命运交到别人手上。

希望我们都能学会用理性做思考，用乐观过生活，找到改善自己的方法和力量。

摆脱权威的话术操控

你是否曾经接过诈骗集团的电话呢？嗯，我也接过。

有一种很常见的诈骗脚本，就是"冒充警官"，对方会说他是某某单位的警官或是侦办人员，跟你说：你的银行账户疑似被用来洗钱，所以已经把账户冻结了。

你说："我没有洗钱啊！"对方就会说："真的吗？那先核对一下资料，让我们确定你真的是这个账户的法定人。"于是你就乖乖回答了这位警官的问题，提供了各种个人信息，然后他就会说："嗯，核对通过，我看你也没有前科，应该是被人算计的。没关系，我会协助还你清白，但是你必须配合，而且绝对不能泄露案情，不然刑责会更大，知道吗？"

接下来，他就会指示你去银行，把账户里的钱都提出来，交给他派送的另一个侦查员保管，只要等明天案子侦办完，钱就还给你。当然，这笔钱交出去后，你就再也找不到这个警官了。

你可能想："这么烂的骗局，谁会上当啊？"问题就是，还是会有很多人上当，所以它才成为最常见的电话诈骗脚本之一。有些人甚至都被亲友警告这是骗局，竟然还不相信！

这是什么样的不理智？盲从权威的不理智。

美国曾经有三家医院联合进行了一个测验，因为他们想知道这个盲从权威的问题究竟有多严重。他们请来一个演员打电话到医院的护理站，说："我是某某主治医师，请你给 203 号病房的病人注射 20 毫克的 flurazepam（氟西泮）。"

医生说的药的名字是摆明不能随便注射的，而且超过了适用剂量。你猜猜看，多少护士接了电话之后，就去拿药准备给病患注射？答案是超过九成！所以现在美国的医院都会有很严谨的标准流程，以确保不会有人冒充医师给指令。

你想想，一通电话，一个人声称自己是权威，用一些听起来很厉害的话术就可以把人给骗了。如果这时候，还能再穿个有权威的衣服，那就更厉害了。之前有一部莱昂纳多主演的电影 *Catch Me If You Can*，中文片名是《猫鼠游戏》，Frank Abagnale Jr.（小弗兰克·阿巴格诺）就充分运用了权威形象，配上专业的制服，假扮医生、律师，还有飞机机师，到处招摇撞骗，连续开了 400 多万美元的空头支票。这是真实发生过的故事，而且当时这位嫌犯才 19 岁，你看，一套制服多好唬人！

我们从小都是被这样教育的：在学校要听老师的话，你做坏事警察会来抓你，听医生的话乖乖吃药打针……所以，长大之后，这种对权威角色的敬畏，让我们看到制服，预设立场就会信服。电视广告里常常会邀请个医生来为产品背书，这个医生一定要穿上他的白袍，才显得专业。就像港剧里的律师，一定得穿着律师袍出来，我们才觉得他是律师。

第二次世界大战之后，心理学者想要了解人类为什么盲从权威，甚至展现集体不理智，违背人性的状态，就设计了一些实验来研究这个现象。其中最有名的，就是 1961 年由耶鲁大学教授 Stanley Milgram（斯坦利·米尔格拉姆）所设计的实验。

在实验中，有个穿着灰白长袍，拿着记事板的"学者"来主导，他其实是演员。有一个人当"学生"，这也是演员。真正的实验对象，是完全不知情的素人，他们则被要求当"老师"。老师要出题目考学生，但如果学生答错，老师要按按钮电击这个学生。

一开始电击量很小，但随着学生继续答错，老师就得给越来越强的电击，被电到的学生说："我受不了啦！我不要继续了！"但这个时候，穿着长袍的"学者"只会对老师说："为了完成实验，你必须继续。"从 315 伏特、400 伏特，一路到足以电死一个人的 450 伏特电流，有多少老师按得下去？你猜猜看？你一定会想，谁都不会就这样按下去吧。但最后的结果是，竟然有 65% 的人会一路按到 450 伏特，光是凭这位学者告诉他们要继续！

别担心，在这个实验里，没有任何人受伤，学生和学者都是演员，事后也跟这些被实验的对象说清楚了。他们都松一口气，还好，自己差点杀了一个人，不过问题是，即便他们很紧张，但还是听话照样做了啊！

Stanley Milgram 教授写下这个结论：一般老百姓，即便心中没有敌意，也能够被操弄，成为具有杀伤力的一分子。即便他们的破坏行为显然与道德相斥，也很少有人有办法抵抗权威的力量。

所以，我们知道了，在权威的指令下，人们有多容易失去理智。当权威开始恐吓你，像那些诈骗电话，或是告诉你，不用担心，他们会承担后果，但为了完成实验，你必须继续。你能够保持理智吗？当你事后去问一些盲从者、受骗的人、犯下战争恶行的人，他们总会说："我觉得他们好像需要我来协助做一些事。""因为不这样做好像是做错了什么。"

　　某些人只要胆子够大，抓住一般民众理性上的弱点，什么都敢骗。之前就看到这么一则社会新闻：某女士在网络上认识了一个自称某某省教育厅公务员的人，对方以帮这位女士的小孩介绍工作为由，只靠一通电话就从她手上拿走了 17 万元。后来，甚至还借走了这位女士家的轿车，直到车跟人都消失无踪后，这位女士才发现自己被骗了。

　　现在，你也知道了权威有多么强的说服力。也许，当你下一次遇上某个自称权威的人，对你提出不合理的要求，让你感觉到某种说不上来的不对劲时，我建议你先编个借口，暂停一下，让自己先冷静思考，不要被他用厉害的话术搞迷糊了。

　　当有人号称权威，说一些不合理的话时，也许你不好意思反驳，但你绝对有权利问："为什么？"趁他在回答的时候，仔细听到底是有道理，还是他在胡扯。你也可以上网搜寻一下，是不是真有这回事。网络上有许多专门辟谣以及搜集骗局记录的网站，或许可以帮助你做个判断。

　　无论如何，你总是有暂停、思考与查证的权利，这是你需要给自己的理性时间和空间。当对方来势汹汹，你很容易兵荒马乱，趁平时先做好心理准备，知道了该怎么处理，下一回就可以兵来将挡，水来土掩！

是网络正义，还是网络霸凌？

　　每隔一阵子，新闻就会爆出所谓的"博爱座"争议。例如这么一则真实案例：一位怀孕三个多月的年轻孕妇在火车上坐博爱座，但因为肚子还不明显，就被一个人辱骂，说她没有资格坐在那里。孕妇无奈之下出示了自己的孕妇手册和胎儿的超声波照，居然还被讥讽说她是造假，她被迫让出位子。气愤加上久站，竟然导致她出血，必须到医院安胎。

　　或是学生坐上捷运，坐在博爱座上滑手机，有老人家上车全程站在那个学生旁边，老人家没说话，学生也没让座，也许是没看到，也许是看到了但不想让座。但这个过程被旁边的人用手机拍了下来，放到网络上，就又上了新闻，记者还追到那个学生的校门口去等他。

　　对于博爱座，有两种解释，一种人觉得那些位子就像给身障人士的停车格一样，如果你没有身障证明，即便停车场满了，你也不能停那里。但另外一群人则认为，博爱座只是要"优先"让给需要的人，如果没有有这种需求的乘客在车上，一般人也可以坐。还有些人会认为，我今天很累，我需要坐在这里，虽然我不是孕妇，不是老人，但为什么不可以？这不就是给需要的人坐的地方吗？

就在这不同的解释之下，这种"博爱座争议"每隔一阵子就会闹上新闻，而且每一次都会引起激烈的讨论。甚至现在不少民众自己扮演"监察队"，用手机拍摄检举，还可以提供给新闻台当"独家"，搞得一般人每次坐捷运的时候，看到博爱座都会提心吊胆的，很多人宁可不坐，就怕被所谓的"正义魔人"检举。

哈佛政治哲学教授迈克尔·桑德尔（Michael Sandel）几年前有一本相当畅销的著作《正义：一场思辨之旅》，里面就说，正义无法避免价值判断，一个人认为的正义，在另一个人看来可能不像是正义。就像是民间带着手机拍照检举的民众，你说他们在执行正义吗？或是那些在网络上仗着"正义的光环"在斗争一些思想不那么"正确"的言论的人，他们在为谁执行正义呢？

近年来，开始有了"正义魔人"这个词在网络上流传开来，意指那些富有正义感，对于特定事物有很强烈的想法或见解，而过度使用这个正义感，造成霸凌行为的人。

例如今年年初，一位妈妈在寒流来袭时骑车载孩子出门，她身穿羽绒外套，而后面载着身穿背心的小女孩。这画面被网友拍下，放上了著名的"爆料公社"版面，引起网友挞伐。接着各大新闻媒体跟进报道，使得这位母亲一夜间成为众人的箭靶。这位母亲第二天写了《凭一张照片，就说我是虐童妈?!》的长文，说明自己出门前询问过女儿要不要穿外套，但女儿坚持穿喜欢的无袖洋装，她尊重女儿的自主权而没逼她。她万万没想到媒体与网友却凭着一张照片找上家门，怀疑她虐待小孩，使她难以接受。

前几年，文坛也有一件大事，成为台湾家喻户晓的新闻，那就是年轻才女作家林奕含自杀的消息。林奕含当时才刚出版了以亲身经历为原型创作的小说《房思琪的初恋乐园》。这本书原本是宝瓶文化出版社要出版，但社长朱亚君女士和林奕含会面后，觉得林奕含精神状况不稳，有可能会无法承担出版后的压力，因此取消了这个计划，后来由另外一家出版社接手。

林奕含去世后，网络媒体爆出了这个出版过程，里面提到，朱亚君女士曾经退过林奕含的稿件，而这件事引起了网友的公愤，说这位社长就是害这个年轻女作家走上自杀路的凶手之一。

为此，朱亚君女士曾经发文说明来龙去脉，没想到不但没有得到谅解，反而再度引发网友反弹。记者和网友争相以私人名义发文攻击公审，最后导致朱亚君女士在 2017 年 6 月试图跳楼轻生，还好被救了回来。但这样的状况也让人反思：我们到底是为了"正义"，还是所谓的正义只是一种霸凌？为什么当这些人遇上"正义"这个命题的时候，会变得如此不懂得体谅他人，甚至残暴嗜血？

这种正义魔人的言语霸凌现象，很容易呈现"堆叠效应"（pile-on effect）：当有一篇评论引起热议的时候，许多人会忽视事件本身的内容，而忍不住跟着跳下去凑一脚，类似凑热闹的心态。再加上网络发言可以匿名，许多人就可以运用一个正当的理由，来发挥自己的攻击性，而且非但不会受到惩罚，还会被点赞叫好。

相信正义魔人在网络上扩散、分享某些信息时，起初是出自善意，想协助弱者，惩罚嚣张的人。但网络的群聚效应可能让一则新闻或一张图片，加上发言者下的批注，引爆集体情绪的火花，或许有时能成就美事，有时能挽救遗憾，但也有可能扭曲事实，甚至毁了一个人。即便事后发现一切只是场误会，当事人立即将文章删除了，但已经转贴分享出去的错误信息也已经像"断了线的风筝"，再也回不来了。

　　不久之前，发生过一位年轻的网拍模特儿命案，当时在社会上造成一片轰动，而嫌疑人的女友也是受害者的好朋友，还一度被列为嫌疑人。因为之前媒体报道出许多可疑的迹象，使这位被列为嫌疑人的女生短短几天Facebook就涌进数万则谩骂的留言，有些讲得非常难听，几乎变成了骂人大赛。后来，没料到案情逆转，而这位女生获释了，不再被列为嫌疑人。这时候，原本正义凛然的网友发现骂错了人，赶紧删除留言逃离版面。

　　还有一种现象，曾经多次出现在公众人物的新闻上，可能某一位艺人被偷拍喝得烂醉如泥，或出轨了，或是说了什么越界的话，就突然变成箭靶，而且许多骂得最凶的都是原本的粉丝。这又是怎么一回事呢？粉丝会觉得，我对你投入了崇拜与情感，而这个人做出了一些不当的事情，在那个当下，他们会觉得"被背叛"，也会连带让自己觉得丢脸，而这种羞辱的感觉，也很容易演变出攻击性的行为。

　　所以你常常会看到，许多艺人、公众人物被爆料有什么不当行为的时候，虽然都是私下做的事情，但还是在挞伐声之下，需要出面开记者会"公开道歉"，还要在电视上痛哭流涕，说"我错了"，四周闪光灯闪个不停。这些网友要求艺人"公开道歉"，有多少成分是因为他们觉得艺人做了"不良示范",所以要道歉?还是有多少成分是为了让自己感到"获得尊重"?因为自己曾经拥护这位艺人,而你让我觉得丢脸,所以我也要你为我的痛付出代价,你也要丢脸?

根据美国精神科医生 James Gilligan(詹姆斯·吉利根)所提出的"暴力理论","羞辱"是最容易造成暴力行为的创伤。而在一个用"羞辱"来彼此控制的人际关系中,这种自尊的损伤在积压之下,会造成更强烈的暴力反击。所以,我们一定要让自己成为更理性、更尊重人的"基本自尊"的人。一定不能让自己成为霸凌者,也不要在一群貌似正义的人的挞伐下,就跟着杀红了眼。

下次当你很想伸张正义的时候,先停下来,冷静一下,问一下你自己,你(我)的动机是什么?是真的为了避免某些人遭到侵犯而拔刀相助,还是其实你的正义只是因为你觉得"不舒服"?如果是后者,你要问自己,这种不舒服的感觉到底从何而来?会不会只是你自己带给自己的?厘清自己行为的真正动机,我们才有办法寻找真正的正义。

另外一点就是,不要这么快就做出判断,当你知道网络上很容易产生"堆栈效应"的时候,请告诉自己:不要太相信"懒人包"。我们必须懂得自己去搜寻相关的信息,包含正反两方的信息。在一开始搜寻的过程当中,你可能会觉得抗拒、不舒服,但这样的感觉正是让你成长的时候。透过这样的方式,你才有办法发展"同理心",而"同理心"就是帮助你避免成为"正义魔人"的最好方法。

那么，今天假设你面对网络霸凌与正义魔人的制裁，你又应该要怎么办呢？

第一个建议：关掉电视、网络，减少接触这些负面的信息，因为你越是阅读、越是在意，就越会产生负面情绪。你虽然满肚子委屈，但也不值得去一一解释或进行笔战。先让自己冷静下来。

第二个建议：不要过度否定。或许你犯了错，发表了不当的言论，你可以反省，可以公开道歉。但是，请不要过度否定自己，因为这只是部分的你。当你愿意改变的时候，这样的错误是帮助你走向更好的契机。

第三个建议：找人陪伴。朋友、家人、父母亲，那些愿意接受不完美的你，能够安慰你的人，跟他们诉说你心里的感受，不要憋在心里。有时候有家人的陪伴，即便他们不说什么，也会让你比较平静。同时，你也可以把心中的感觉写下来，书写的过程，也有助于你排解负面的情绪。

最后，真的遇到问题的时候，不要害怕，也不要羞于寻求专业的帮助，可以找心理咨询师或心理医师帮助自己走出被霸凌的困境（低潮）。请记住，暴力与霸凌源自暴力与霸凌的感觉。正义，也需要考虑到人的基本尊严。让自己多一点同理心，锻炼理性的思考和自我情绪调节的能力。

关注青少年性教育

最近看到频繁爆出幼儿园性侵虐童的新闻，很令人震惊，大家议论纷纷，陆续有更多的细节曝光，也有一些消息莫名其妙地被删帖，引起了更强烈的公愤。我自己也一直在关注，毕竟为人父母，看到这种消息非常气愤，更希望能够快速调查出事实。

这也让我想到不久之前，知名乐团"林肯公园"的主唱查斯特·贝宁顿在家自杀，他才41岁。根据他生前的某次访问中自己揭露，他长期患有抑郁症，有一部分的原因，是他在7岁那年，遭到了一名成年男子的性侵，而且他遭受这种性侵长达6年之久，这个童年的阴影伴随了他一辈子。虽然我们不能直接说这是导致他最后自杀的原因，但最起码也是原因之一。

最近，美国的CNN去了柬埔寨首都附近的一个贫穷的渔村，叫Svay Pak（斯维帕克）。他们在那里拍摄的报道，令人悲哀又愤怒。那里的很多家庭为了钱，会把家里的女儿送去卖身，连5岁大的小女孩都能卖钱。粗估当地的地下妓院里，三分之一以上的女孩都未成年。恋童癖患者竟然能在这里几乎明目张胆地满足他们的兽性。

根据统计，全球儿童遭到性侵的比例男性约为 8%，女性则约为 19%。这表示几乎每 5 个小女孩中，就有一个曾经遭受过性侵。更令人发指的是，这些加害者往往是小孩熟识的对象。数据显示，将近三成的加害者，甚至是小孩自己的亲人。而六成的加害者，则可能是小孩家庭的远亲，或是朋友、保姆、邻居。只有一成左右的加害者是完全的陌生人。

大部分的加害者都是男性。女性加害者的比例相对偏低，但也不是没有。一项研究性骚扰的数据显示，有 14%～40% 的男童性骚扰案件是由女性犯下的，而女童性骚扰案件当中，有 6% 是由女性犯下的，其他皆为男性加害者。

为什么这些人会对小孩子还未发育完全的肉体这么有兴趣，甚至产生性冲动，进而发展出犯罪的行为呢？这其实是一种异常的心理状态。我们可以从几个方面来分析恋童癖的心理：我们常常会说恋什么癖，不单单是他"喜欢这个东西"而已，而是这份喜欢背后强烈的性冲动。美国精神医学学会发布的《精神障碍诊断与统计手册》里面提到的"性偏离"（Paraphilia），指的就是我们对于某些对象、情境、幻想或行为有强烈的性冲动。而有些人是恋物癖，他可能喜欢透过接触某种对象，来满足自己的性冲动。恋童癖，表示这个人看到小朋友的身体，会产生强烈的性冲动。

有恋童癖的人，多半有一些伴随的特征。在个性方面，他们通常会有社交焦虑，缺乏自信，没有安全感，人际互动上会表现比较退缩，同时，他们也比较难抑制自己的性冲动。有些学者认为，是这些心理特质导致他们发展出恋童癖，来消除这些社交上的焦虑。因为儿童相对来说比较好亲近，也不太需要与他们社交。他们个性上的脆弱与焦虑，能够透过恋童的行为而得到抒发。

另一个与恋童癖有高度关联的因素，是加害者过去的经历。许多恋童癖患者，自己曾经也是受害者。例如因为《海上钢琴师》和《低俗小说》这两部电影而走红的英国男星蒂姆·罗斯，就曾在受访时揭露了他 36 年的痛苦经历，原来他和父亲都曾被爷爷强暴过，导致他父亲后来变成加害者强暴他。他认为父亲有个破碎的灵魂，而他自己也是，他说："虐待我的人不是父亲，而是伤害过他的那个人，那个人（爷爷）是个该死的强暴犯！"这就是典型的"因为当初是受害者而后来成为加害者"案例。

在这里我要强调的是，并非有社交障碍的人就会是恋童的人魔，也并非因为自己曾经遭受这种创伤，就一定走不出来。不过听到这些骇人的数据，看到新闻报道，我们当父母亲的还是会相当焦虑：究竟要如何保护孩子呢？

这里有几个建议，提供给朋友参考。

第一，不要在网络上发布小朋友裸露的照片

根据报道，在恋童癖聚集的讨论区中，带有色情评论的照片，有一半来自社交媒体。父母亲都很喜欢晒小孩可爱的照片，但请不要让他们装大人，摆出性感的样子，尤其是如果家里有女儿，不要分享这种照片，或是她们洗澡戏水裸露的画面。

第二，孩子们需要正确的教育

我们需要告诉孩子，身体哪些地方绝对不能让别人碰，教育他们更了解自己的身体。不要以为不让他们接触这种信息，才是对他们纯洁的保护。学会保护自己，这是比什么学校的科目都更重要的。

而且，我们在跟孩子们谈性的时候，应该是平铺直叙，不要拐弯抹角，不要用一些儿童化的代名词，说阴茎不要说鸡鸡，说阴道不要说妹妹。不要让孩子觉得那是什么神秘、可爱的东西，不要让他们觉得性这回事是邪恶的、肮脏的。尽量用科学的词汇，不带情绪地跟他们讲，孩子们会比较容易当真。

第三，要多跟孩子们聊天

即便是谈到性，虽然讲起来会让自己觉得别扭，但也不要因为别扭说一次之后就不谈了。尤其当孩子们开始发育，身体的变化会让他们觉得好奇，也会困惑。这时候身为他们信任的亲人，跟他们多分享，他们也会比较愿意把私事跟你说。

身为一个父亲，我也会感受到这种焦虑。身为心理学者，我也知道人在性癖上可能有多变态，但要让一个孩子成长，你还是必须要让他们去面对未知，要放手让他们去独立生活。所以，一定要让他们知道，他们是有权利去拒绝别人，去捍卫自己身体的界线的。也要让他们知道，你相信他们所说的话，你愿意不带批判地听他们说，而且无论如何，你一定会无条件地爱他们，你一定支持他们，会保护他们。

话说回来，如果父母亲都能够给孩子们正常、理性的教育，给他们很多爱和关注，这个社会也会少一些心理不健康的孩子，少一些偏执的个性变态，少一些恋童倾向者。人在压抑之下，容易变质。人在关怀之下，容易痊愈。

集体冷漠

2011 年 10 月，在广东省佛山市，有一个 2 岁大的小女孩在一个市场走失了，结果她走到马路上，意外被车子撞倒。这个小女孩躺在路上整整 7 分钟，在这段时间里，有 18 个路人经过，却没有任何一个人伸出援手，甚至还有另外一辆卡车再次碾过她的身体。后来，是一位拾荒的阿姨看到了，赶紧过去抢救。但 8 天之后，这位名叫小悦悦的小女孩还是重伤不治。

事情报出来之后，引起了轩然大波。《中国青年报》做了一个读者调查，88% 的人认为这件事情反映了现代中国社会的冷漠无情。还有网民指责，当时视而不见的那些路人就是丧心病狂，应该被抓出来严惩！

但这群人真的是良心都给狗吃了吗？在心理学家的眼里，这确实是一场悲剧，但或许不是因为城市里的人特别冷血无情，而是一种集体的心理盲点所造成的。现在我们知道，这是一个能够在实验室里被模拟复制出来，确实能够被观察到的社会心理现象，叫作"旁观者效应"（bystander effect）。

什么是旁观者效应呢？就是当人需要救援的时候，周遭的人越多，其中任何一个人跳出来帮助的机会反而越少。旁观者效应最早会受到学者和大众的注意，是因为50多年前，在美国发生的一个社会案件。1964年春天，在纽约，一位29岁的女子名叫Kitty Genovese（基蒂·吉诺维斯），她深夜下班回家的路上，被一个变态连环杀人魔盯上。杀人魔追上她，二话不说就先捅了她两刀！女子倒在地上，大声呼救。有人打开窗户，探出头来说："嘿，你们在干什么？"杀人魔听到跳起来，拔腿就跑。但是，后来竟然没有人继续出来帮忙，包括那位听到了声音，还打开窗户探视的邻居。

结果呢？凶手很冷静地先去把自己的车移到一个比较隐秘的地方，还换了一顶帽檐比较大，能够遮住脸的帽子，再回来对Kitty Genovese继续行凶，刺了她十几下，直到她奄奄一息，又强奸了她之后，才扬长而去。Kitty Genovese最后失血过量致死。

5天后，凶手被逮捕。但除了这名杀人魔的冷血，真正令人不寒而栗的是，这个案件发生过程中超过半小时，被害者躺在血泊中呼叫，许多人听到了，却没有一个人出来帮忙。《纽约时报》后来大篇幅报道这件事，引起了公愤。许多社会心理学家也立刻开始着手研究这个现象，从中证实了的确有"旁观者效应"这回事，但不是因为纽约这种大城市的生活所造成的无情，而是因为diffusion of responsibility（责任扩散）。

这个道理就是，当你知道有其他的人也在场，不只有你是目击者的时候，每个人都心想：总有别人会帮忙吧！殊不知，其实每个人都在等着别人做出行动，所以援救的责任感就被分散掉了，结果就是没有人采取行动。

　　心理学家做了一个实验，来模拟旁观者效应会发生的状况。他们请人来一个小房间，透过一个对讲机跟另一个人谈话。其实，对讲机另一端的人是个演员。来参加实验的这些对象是不知情的，而他们进去小房间之前，会被随机告知，跟这个人一起对谈的，只有你一个人，或是还有其他5个人。

　　一开始，这个受访者会跟实验对象说："我是从外地来纽约念书的，我有点不适应，常常会感觉到压力很大，有时候还会有一点癫痫的问题。"他们聊着聊着，他语气就变了，变得很急促，声音结结巴巴，讲话不连贯，他说："糟糕，我老毛病又犯了。"然后会开始听到他大声呼气吐气的喘息声，上气不接下气地说："我快吸不到空气了，救救我……"之后就不再响应。

　　OK，如果你是实验对象，想象一下，你自己在这个小房间里面，对讲机另一端显然发生了紧急状况，你会怎么做？在以为当下只有自己一个人跟受访对象对话的组别当中，85%的人都立刻冲出实验室找人来帮忙，但是，在以为还有其他5个人一起的组别，只有31%的人在第一时间采取行动。原因很简单：大家都认为会有别人更先跳出来帮忙。

　　当人互相不认识，彼此没有沟通的时候，旁观者越多，旁观者效应就越强。还有一点，就是怕惹上麻烦。万一你好心帮了别人，结果呢？你帮的人事后反过来告你，说他这么惨是因为你没照顾好，这情何以堪？而且这种事情也不是没发生过。但当你把这种心态，加在本来就已经有的旁观者效应上，就会出现曾经在新闻上看到的，有人在地铁上晕倒，旁边的人不是围观，而是快步逃离现场。

　　这让我想起自己家人曾经经历过的事情。那是很多年前在台北，我父亲有一天上山，给我爷爷扫墓。在回程的路上，他看到路边围着一群人，有个男孩满头鲜血，意识不清，躺在路上。有目击者说，小男孩骑单车的时候，从斜坡上滚了下来，刹不住车，直接就撞到了路边的水泥墙上。现场一群人，没有人愿意出手救援。我父亲马上抱起这个浑身是血的男孩，拦了一辆出租车，把他送去医院。走进急诊室，没想到医院的志工竟然说："哎呀！你麻烦大了！到时候男孩子的父母把责任推到你身上！"但我父亲只说："救人要紧！"想想，如果当时我父亲没有救那男孩，不知道他的下场会是如何。

我虽然当时不在现场，但事后听到了，我们全家都觉得我爸做了对的决定。社会的运行，需要每个人在必要的时候互相帮助，如果每个人都只想到保护自己，不在该帮忙的时候帮忙，只因为害怕可能会给自己惹上麻烦，这种集体的怯懦，就不只是旁观者效应，而是社会的道德危机。

但同时，我们也无法怪人害怕帮忙，尤其如果是没有受过急救训练的人，总是会担心帮倒忙，人死在自己手里，怎么办？于是，为了减轻行动的顾虑，许多地方就有所谓的《善良的撒马里亚人法》，又称为《无偿施救者保护法》。当旁观的陌生人对一位受伤者进行紧急医疗抢救，如果发生意外的失误，则不需要负法律责任。在美国联邦政府和各州的法律中都有相关的法律条款，在欧洲许多国家，这个条款甚至还包括"事情发生，而不采取救援行动，也是违法的"。因为这些国家的法律认为在紧急状况下帮助别人是一种社会责任。

在小悦悦事件之后，深圳市也通过了《深圳经济特区救助人权益保护规定》，希望避免未来再有这种状况发生。我认为，这应该是社会基本的法律条款，尤其当我们了解旁观者效应确实存在之后，我们必须从悲剧中学习。当不合情，或不合理的现象发生的时候，不是谩骂和指责，而是来研究背后的真正原因。往往我们可能会发现，这不是人性的缺点，而是人性的"特点"。就像旁观者效应，我们不只是要站在受害者的立场考虑这件事，也应该站在旁观者的立场，然后再思考，我们要如何避免旁观者效应再次酿成悲剧。

万一真的某天发生状况，你成了大家围观的对象，大家在那里议论纷纷，但没有任何行动的时候，你得要挑一个人，眼睛盯着他，最好直接指出他，说：

你，黑色上衣的男孩，用你的手机拍下来！

你，穿白色T恤的女孩！打电话报警！

你们两个年轻人，请把我扶起来！

而且，你最好也补上一句："有任何过失，我不会跟你们追诉，法律会保护你们的！"

你是一个自恋的人吗？

你认识自恋的人吗？你自己会自恋吗？当然啦，自恋的人很少会觉得自己是自恋的，但撇开自己，别人的自恋会如何扰乱我们的生活，而我们又要如何认出自恋的个性，如何预防受到伤害呢？

人格心理学领域中，很多人研究所谓的黑暗人格特质，也就是 Machiavellianism（马基雅维利主义）、Psycopath（精神病态）、Narcissism（自恋）三大特质。具有这些黑暗三角特质的人，会更可能犯罪，也会在群体中制造破坏和各种不良的影响。

其中的精神病态者缺乏罪恶感，也会有许多反社会制度、反道德的思维。马基雅维利主义，根据文艺复兴时期的意大利政治家马基雅维利以及他的经典著作《君主论》命名，是一种权谋的个性。这种人防备心很重，避重就轻，处处喜欢算计。而自恋者认为自身不凡，会感到自傲，但事实上可能很害怕被批评或是被挑战。

　　美国的 *Psychology Today*（《今日心理学》），就有一篇文章列出自恋者的六大特征：这种人聊天时，话题大多围绕在他身上；这种人总爱要求特权；他们尽可能地展现自己；他们借由贬低别人来提升自己；他们脑中充满了一堆幻想；他们认为别人的付出都是理所当然的。

　　从这些特征中，我们不难发现，自恋的人本质上是自私的，也爱某种在社会上的形象，一种看似有能力、很迷人、受欢迎的形象。他们会自己去幻想产生这种形象，也可能寻求各式各样的表现机会，去维持这样的形象，因为他们专注在自己身上，所以也很少会去检查自己做的是不是跟别人认为的真的一样。自私、无法同理与感恩别人，让互惠的关系无法建立，这就造成了彼此的伤害。这也就是为什么跟自恋的人相处，那么令人不舒服，那么令人反感了。

　　为什么人会发展出自恋的个性呢？有些心理学家提到，自恋的人可能是因为在儿童时期，照顾者对自己的需求无法满足。因为照顾者的不稳定，或是对于自己的需求被忽略，而形成一种长期渴望与别人产生联结互动，渴望被肯定，却选择透过很强烈的手段与自我延伸的想象来处理这样空洞的关系，或是透过"控制"和"驾驭他人"来获得这种联结需求的满足。因为或许他们相信只有这样，才能够让别人持续看见自己，让别人的离去与疏离不会带来强烈的失落，因为许多事情只是关乎自己，而非别人。

　　如何判断我们是否正在跟自恋的人相处呢？最常见的自恋者描述，是"唯我独尊""自我中心""沉浸在自我""自大""自负"。这种人也执着地关注自己的外表与正向评价。他们从来不管自己不喜欢的事情，总是只在乎自己的成功，也很少关注别人的成就，很少表示为别人感到高兴。

如果你发现你自己身边的人，处处在寻求别人的赞美，你每次跟他分享别人的故事，他总是把故事绕回到自己身上，而且是以一种自夸的方式。如果他总是用自己认定的角度和价值观来看你或定位你，或是来批评全世界，那你身边搞不好就是有个自恋者。

如果他喜欢你，会把你看作他自己的延伸，但私下里则是把你列为可以控制的人之一。相处的初期，这种感觉可能会让你觉得备受瞩目，但好感不会维持很久，很快，我们就会寻求自己想要的认同与独立性。我们开始在乎自己喜欢的，或是不喜欢的，会开始伸张自己的看法，

这时候，对自恋的人来说，就很不 OK 了。当他发现你不再乖乖地待在他的光环笼罩之下，他就会开始反击，开始主动攻击你、打压你，否定你的想法，同时找其他人来巩固自己的地位，开始寻找别的掌声来源。如果你能够趁自己失宠的时候逐渐淡出，那就算自己幸运吧！但自恋的人是很会记仇的，你不是他的班底，就是他的敌人，所以你最好以后对他敬而远之。

有些朋友听到这里，或许会有不安的感觉：如果你曾经有许多次相同的经历，你是否才是真正自恋的人？说实在的，我们自己也很难辨认出自己是不是自恋，因为多半的人会把关系的破坏认定为别人的错。这是自我保护的心态，算是正常的。不过正常人会从过去的挫败关系中学习教训，但对自恋的人来说，他们的关系失败，往往会变成证明自己比较优越、比较突出的循环。对

自恋的人来说，唯一会让他们想要改变自己的原因，是要解决自己的孤独以及分离所带来的忧郁。

有时候，最显著的征候，是来自身边亲友，或是另一半的责怪与抱怨。例如："你总是期望我做你想要让我做的事情，但你有没有想过我想要做什么事情呢？"

或是："我不想穿这个，我不想用这个，我不想这么做，你为什么不能接受？"

或是："为什么我过得好的时候，你就是无法为我感到高兴呢？"

或者，另一半直接对你说："你真是个自恋的人！"

自恋的人很少会有自我觉察，但如果你发现自己持续听到别人对你有这种抱怨时，那就得要关起门来，好好自我检讨了。如果你想要找到答案，就必须先承认自己的问题。

长期研究自恋症的学者 Eddie Brummelman（埃迪·布鲁梅尔曼）博士认为"自尊的培养"必须正确，才能避免产生自恋的倾向。他提出一些建议，这些建议最好从小时候就能介入，不过成年人也可以作为参考。

第一，多练习赞美努力和付出，而不是成就和天分，而且不要去跟其他人做比较，就如同"你做得不错哟！"与"你是最棒的！"这两句话的差别。"你做得不错"传递个人努力后被看见的价值，也是自尊的核心；"你是最棒的！"则是传递优越的想法，暗示"你比其他人好"，但这种优越感也容易成为自恋的核心。

第二，鼓励自己寻找跟别人相似的地方，而非用竞争的思维看待每一个关系。

自恋的人常常把生活看作有阶级的，我们必须尽力在行动和观念上，实现"人人平等"的观念。

第三，当自尊感特别低的时候，我们可以重新诠释自我评价的方式。当自尊受损时，我们都会想要保护自己，这时候要特别留意，我们是否正在用自恋者的方式，贬低别人来抬高自己，或是陷入受害者的心态，开始责怪自己？这时候我们或许需要抽离那个环境，先静下来，理性思考，重新肯定自己真正的价值是什么。

有一个很不错的肯定句，可以给你参考。你可以跟自己说："我的价值来自我能带给人的帮助，而我绝对是一个有价值的人！"

我们要理解的是，自恋者的背后其实是个自卑者。但我们不能因为同情这个自卑，而纵容这个自恋。无论对亲人、对朋友、对同事，还是对自己，我们都应该寻找其他方法，鼓励正确的行为和心态，忽略那些不理性的自夸自唱和言语霸凌，用积极的方法来强化我们希望见到的个性。但如果真的碰到那种无法自拔，又带有暴力倾向的自恋狂，那就退而求其次，趁机淡出他们的生活，并敬而远之吧！

如何用煤气灯把人逼疯?

我们来设想一个情境:你跟你的 lover(爱人)住在一个小套房里。有一天,你发现天花板上的日光灯其中一个灯泡在闪烁,搞得你很不舒服。于是你跟你的伴侣讲。

结果呢?他却回答你:"没有啊,电灯好好的啊。"他还补上一句:"是不是你的幻觉啊?"这时候,你会选择相信自己还是你的另一半呢?如果这种对话多来几次,你会不会开始怀疑自己的现实跟别人不大一样?

这就是 *Gaslight* 这部电影的情节。只不过,他们使用的不是电灯,而是煤气灯。因为故事发生在维多利亚时代。而这部电影是 70 多年前的黑白片,这部电影的中文名是《煤气灯下》,是一部很经典的悬疑片。

电影一开始,一位有名又很有钱的歌剧女高音被杀了,成了一桩悬案。

从小与受害者相依为命的侄女宝拉于是离开伤心地,去了意大利。她在那里学歌剧,认识了一位琴师安东。10 年后,两人结了婚，回到伦敦姑姑留给她的房子居住，也就是从前的命案现场。故事的悬念从这个时间和空间展开。

一开始，是从一些日常的小事，安东总是怪妻子把东西搞丢，然后有些重要的东西真的不见了。安东指出，是被宝拉藏了起来，但宝拉却一点印象都没有。许多诸如此类的事件，安东不断告诉宝拉：你的记忆似乎有问题！

最奇怪的是，每当安东晚上外出工作时，家中的煤气灯就会变暗。因为当时每户人家被供给的煤气量是固定的，如果多点了一盏煤气灯，其余灯光就会减弱。宝拉注意到灯光的变化，但每次问家里用人有没有多点灯，得到的答案都是没有。不仅如此，她还听到天花板上传来不明的脚步声。但这些怪异的现象都被丈夫安东否定了，他反过来说宝拉得了精神病。他不让妻子见客，甚至试图把她送进精神病院。宝拉于是怀疑起自己，濒临崩溃。

直到一位侦探暗中调查这对夫妻，弄清楚一切都是安东搞的鬼。他就是多年前杀害宝拉姑姑的真凶。他为了找到死者生前藏在某处的宝石，故意接近宝拉，每晚煤气灯变暗，就是因为安东偷偷在阁楼翻箱倒柜时所点的灯造成的。宝拉没疯，但她也没有了曾经以为的真爱。

这部电影不仅让英格丽·褒曼得到当年奥斯卡最佳女主角，也由此引申出一个英文单词 Gaslighting，来形容剧中丈夫对妻子的所作所为。这个单词目前还没有固定的中文翻译，有些人把它翻成"装神弄鬼"，有些人翻成"蒙骗"，或是"心理虐待""心理催眠"。我认为不需要强翻成别的语言，原文保留了电影里灯光忽明忽暗对人心产生的效果。这个变化几乎摧毁了女主角的心志。她变成了一个 Gaslightee。是的，Gaslighting 这个行为之下的受害者，被称为 Gaslightee；而施予这类技巧的加害者，则叫 Gaslighter。

如果我们跳脱出这部电影，这个词要如何定义呢？我们想象有一个人，这人可能很坏，也可能不那么坏但控制欲很强，他为了控制另一个人——通常是亲近的人——用某些技巧让他逐渐失去现实感，觉得自己是个有问题的人，从而更加依赖这个对他施予幻术的人。这样用某种技巧洗脑、操弄他人，使对方的认知系统失调，怀疑起自己的经验，丧失自我认同和自我价值的心理虐待，就是 Gaslighting。

那 Gaslighting 的技巧又是什么呢？除了《煤气灯下》这部电影提供的非常精巧的对他人设下的陷阱，其实还有一些粗糙得多，但同样有用的方式可以达成目标。

我的朋友 M 夫人是个 Gaslighting 的受害者，但她自己不这样认为。"我老公？他是对我控制欲很强没错，但他，唉，他是个受过伤的人。"我想告诉她，其实很多 Gaslighter 都爱把自己包装成受害者，来让对方觉得问题在自己。"我明明就没有偷吃！你一直这么坚持，我看你才是心里有鬼吧！""你啊，一定是最近压力太大了，都开始幻听幻觉了，我还是带你去度个假，啊？乖。"就像那句老生常谈：谎话啊，说了一千遍，就成真的了。

还有一种我称之为捉放的手段。试想，如果有一个人总是否定你、贬低你，这种极端的作为可能会让你产生怀疑："怎么可能永远都是我的错？"但如果这个人偶尔认同你、称赞你，那么当他攻击你的时候，反而会让你相信他的攻击是有道理的，从而加强了他对你的指控。这种战术，还会给你虚幻的希望，以为两人的关系有所改善。这就是 Gaslighter 惯常使用的技巧。

同样，几乎每个 Gaslighter 都是一个很好的说谎者。他会先从小谎或不经意的玩笑说起，在受害者心中植入一个小小的种子。比如：你真是小傻瓜。接着再夸大甚至扭曲事实，把对方说成一个无药可救的人。安东就是这种语言高手。

令人悲伤的是，通常会成为 Gaslighting 下的受害者的，本身都拥有一些惹人怜爱的性格。

比如富有同情心、总是用好意来解释他人的行为、善于倾听等等。但另一方面，也可以说，他们的脑波比较弱。这就是吊诡之处：他们被 Gaslighter 指控为精神病患，他们怀疑起自己对现实的认知。但真正的精神病患，可能是最固执己见的一群人。根本不会被 Gaslighting。

讲到这里，可能很多人会发现身边不乏 Gaslighting 的受害者，甚至认识很强大的 Gaslighter。如果不幸，你就是那个站在煤气灯下的人，要如何脱离 Gaslighting 的状态呢？这是个好问题。因为最好的方式违反我们一贯的想法。通常我们会认为，人与人之间的交往，需要良好而频繁的沟通。沟通沟通再沟通，让我们理解彼此吧。

我的另一个好朋友 S 先生就是这样坚持的。他是一个 Gaslightee。甚至在他好不容易和他的控制狂恋人脱离了伴侣关系后，他还是想跟他的 Gaslighter 维持友谊。他相信有一天可以修补、理解彼此，最终达到原谅伤害。但这种想法却让他陷入更深的 Gaslighting 里。因为他抱持的是交流，情感和想法的交流；但对方追求的却是权力关系的不对等状态。这样的"交流"当然会失败。S 先生把这个失败归咎于自己身上（Gaslightee 的一贯思维）："我到底做错了什么？"

若要说他犯了错，他的"错误"在于太想良好沟通。但如果一个人只想操纵，错置你的经验和感觉，就勇敢地停止沟通吧。切断一切与 Gaslighter 的联系，包括共同的朋友圈，包括脸书、推特和微博，然后去找一个与他无关，而你信任的对象，重新肯定自己的现实。这的确很像一个被催眠的人，只有催眠者彻底消失，或者被旁人当头棒喝，才有可能醒过来。希望我们都不要成为那个长睡不醒的人。

在这里要补充说明，虽然我讲的例子都是以两个人为范围，并且聚焦在情侣，但其实，Gaslighter 和 Gaslightee 这对怨偶，也可能出现在朋友之间、父母与子女、老板与员工的关系里，消磨被害者的自信，但又让人离不开。而有时候，这种控制与被控制的关系，就这么爱恨纠结地一辈子缠绵下去。

在 1944 年的那部电影里，最后一幕，侦探打开顶楼的门，和宝拉一起站在阳台上。他们看着夜晚的天空。

宝拉说："今晚真是漫长。"

侦探回答："天亮之后太阳升起时，你甚至很难相信曾经有过黑夜。"

这是一句安慰人的话，可能太乐观了。或许，处在煤气灯下的人们，很难脱离控制、催眠、虐待……就算逃出来了，阴影还在。因为比起黑夜，那是人工的阴影。但同样能帮助我们的不只是时间自然地过去，还有他人。我指的是那些真正愿意跟你交流、沟通，而不只是着迷于权力关系拉扯的人。

当黑天鹅遇上得克萨斯州神枪手

2016 年，我们有了新的超人、新的蝙蝠侠，以及新的美国总统。是的，Donald Trump（唐纳德·特朗普）当选总统，对很多活得很写实的地球人而言，太超写实。虽然我们看多了超级英雄电影，但在我们的现实宇宙里面，人类似乎还没有心理准备去接受许多黑天鹅的出现。"黑天鹅效应"是由美国作家塔雷伯（Nassim Nicholas Taleb）提出的，指的就是一些不可预测的重大事件。

但我想讲的主题与政治无关，只是想带各位稍稍回忆一下不到半年前，各行各业，对新美国总统事件的各种不可置信。有趣的是，在众多事后评论的分析文中，有一篇文章标题特别醒目，它说："《辛普森一家》16 年前即预言特朗普当总统。"

《辛普森一家》（The Simpsons）是一部老牌搞笑动画片，在2000 年播出的第 11 季第 17 集《巴特到未来》中，辛普森家的一员成为美国第一位女性总统，她致辞道："我们从特朗普总统手上，继承了预算短缺问题。"这集立刻就被网友封为神预言。还不只如此，两天后，辛普森家庭加码演出，被有心人挖出了"11个在特朗普当选总统之外更厉害的超准神预言"，辛普森家族简直就是算命大师了！在这里就不一一列举了，听众有兴趣不妨搜索一番。

《辛普森一家》在我写这一篇文章的时候，已经播出了585集，现在可能又多出了好几集。但它们每一集都充斥着狂想、虚构。这些虚构有一些成真了，变成神预言，大多仍旧只是虚构。但是一般人不会去注意到那些细节，却纠结于非常少数、偶然的巧合。当我们开始相信后，只要有心人把这部卡通片再翻出来，寻找更多和现实相呼应的情节，就真的找得到。但这时候我们却忽略了，所有的意义都是后天的、人为的。这时候我们犯了"得克萨斯州神枪手谬误"（Texas Sharpshooter Fallacy）。

所谓的得克萨斯州神枪手谬误，其实就是一般所说的先射箭再画靶。

想象一位西部牛仔，每天对墙练习射击，一段时间以后，墙上有些地方弹孔密集，有些地方稀疏。牛仔灵机一动，在弹孔密集处画上靶心，这下子他突然变身为神枪手了。他在弹孔密集处画了靶心，这就好像我们在偶然概率中加上人为的秩序，而其实我们每天都在做这件事。因为人们的逻辑本能就是挑出一大堆的巧合并赋予解释。但如果我们退得远一点，看看整个墙面，就会看到为数众多的、分散的弹孔。乱枪射得够多，也还是会打到鸟的，对不对？命中是理所当然的。

让我们再以美国总统举例吧。我们都知道美国总统是很危险的职业，曾经有好几位遭到暗杀。而其中的两位林肯和肯尼迪，他们相隔 100 年的两次暗杀，就被发现诸多惊人的相似之处。首先，暗杀他俩的刺客名字都是 15 个字母，而这两个刺客双双在受审前被其他刺客枪击毙命。其次，林肯被暗杀的地点是"福特剧院"，肯尼迪则在"福特公司"制造的"林肯汽车"上遇害，当时他们的夫人都在场，而那天都是星期五。更不可思议的是，林肯和肯尼迪的继位者都叫 Johnson（约翰逊），两个 Johnson 出生的年份也刚好相隔 100 年。

事实上，有人列了一张表，两位总统总共有 16 个共通点。这个 20 世纪 60 年代美国最著名的都市传说让人联想满满。里头看似有秩序，可以从这些巧合找寻各种玄机天意。但这些惊人的巧合真的这么"惊人"吗？其实，这不过是无数次重复下，必然出现的现象。这就像一副扑克牌，拿到同花顺的概率，跟拿到任何其他 5 张牌的组合的概率其实是一样的。只是我们为前者赋予意义，这样的组合是有价值的，于是觉得难得。

让我们再从另一个角度看这两位总统，他们有多少的"不同之处"？肯尼迪是天主教徒，林肯却是基督教徒。杀害肯尼迪的是步枪，而杀林肯的是手枪。两人遇害地点也不同，一个在得克萨斯州，一个在华盛顿特区。肯尼迪不像林肯，他没有连任的机会，死于第一任任期。这些不同之处，都是我们在为两个独立事件寻找各种共通点的时候，所忽略的杂音。因为我们执着于人为地创造意义，这是人对于"掌控环境"的基本心理需求。"意义"让我们觉得在杂乱无章的生活中，隐含着某种秩序，这种秩序感，反而让人比较安心，因为它所暗示的是：只要你掌握了秩序感，世界也是可以被掌控的。

还记得我在之前说到的"读懂人心的三个秘诀"吗？那一篇文章告诉了你只要信息包含"个人化""权威性""褒多于贬"，就很容易让人对号入座。但在这时，你是被动地被吸引、被动地将命运交到别人手上。

而得克萨斯州神枪手谬误，却是一种人人都有的主动心理。就好像我们乐于接受算命先生的暗示，重点在"我们乐于如此"。所以我们的本能会忽略他说的话有多少与我们的状况并不相符。在我周遭，有很多朋友都习惯用星座看人。和一个新朋友聊天时，都会问他是什么星座，这就好像理解了什么。如果答案不符预期，没问题，就再追问他的上升、他的月亮在哪里，总是能得到一个看似有道理的结论。甚至我们还会用星座或命盘来看一对情侣合不合。或者，突然发现前男友全部都是天秤座的，至少都是风象星座，来反过来印证自己的星座跟其他星座的契合度。但想想世界上有多少天秤座的人，更不用说有多少同属风象星座的了。

在社交网站上，有时候你看到了一篇朋友的帖文，他不指名道姓地批判某人，最后可能还加了一句："请勿对号入座。"但这句话反而让看的人潜意识里更努力找寻能够对号入座的线索。发文者针对的对象，可能跟你读同一所学校、跟你同一个星座，甚至和你个性相仿。于是你忽略了其他同样被提及却与你无关的事情，怀疑被骂的人就是你。你越想越气，但很可能你只是犯了得克萨斯州神枪手谬误，用它来辨别因果。

在人际交流之中，这种偏执可能会导致朋友间的冲突和误解。在国际事件里面，可能就会演变成阴谋论。像是在第二次世界大战伦敦大轰炸时期，突袭轰炸总是错过特定的几户人家，人们开始相信，那些房子里住了德国间谍。但最后证实——所有的轰炸都是随机的。那些没被炸到的房子，就成了随机因素下，人们合理化巧合时被抓出来的代罪羔羊。

所以我们必须承认，许多的意义只是我们虚构出来的，这个世界其实不一定充满那么多秩序。随机因素主宰着我们的生活。两个人在一起，或许不是命中注定，不是天生一对。但正是因为你们两人遇上了彼此，不是更值得珍惜吗？天文学家 Carl Sagan（卡尔·萨根）说："能在浩瀚的太空与无限的时间中与妻子共享人生是最美好的事，虽然不是命运让我们在一起，但我仍然十分珍惜这一切的美妙。"

虽然多数时候巧合只是巧合，不存在坚实的意义；但了解这个心理盲点之后，除了能避免个人与社会的许多冲突，也可以让自己不太偏执、迷信。但我们绝对不需要对自己失望，我们仍然能够品味许多巧合的难得，从中获得乐趣，甚至幸福。

《美女与野兽》的爱情症候：斯德哥尔摩综合征

　　相信你之前可能听过斯德哥尔摩综合征这个名词。这个现象，是当受害者例如一个被绑架的人，经过了一段时间的相处，竟然开始认同绑架他的人，甚至还可能会爱上对方。根据美国 FBI 的犯罪档案分析，有将近 8% 的绑架案中，被害者会呈现斯德哥尔摩综合征的反应。

　　为什么叫作斯德哥尔摩综合征呢？到底在斯德哥尔摩发生了什么事？我们来回顾一下这个起源。1973 年 8 月 23 日，瑞典斯德哥尔摩当地的一家银行闯进了两名抢匪。他们胁持了银行里 4 名职员，和警方对峙了将近 6 天。两人一度想冲出警方和狙击手的封锁线，发生了枪战。意外的是，这三女一男的人质在过程中竟然帮助歹徒逃跑，甚至掩护他们，为绑架他们的人挡子弹。

　　最终这两名抢匪落网，结束了 130 个小时的人质危机。"受害者"从银行里被解救出来，但他们遭胁持的故事还未真正结束。几个月后，这几位银行职员依然流露出对绑匪的同情。不但拒绝在法院指控两人，还为他们筹律师费，其中一名女职员甚至还与其中一个歹徒订婚。媒体后续的追踪报道，让世界各地的民众都惊呆了。

于是，我们就有了"斯德哥尔摩综合征"这个说法。当我们回顾这个过程的时候，发现了几个特点。首先，加害者囚禁了受害者，并且威胁他们的生命安全。但加害者有时候却又显出仁慈的一面，表示不愿意真的伤害人质，他们只是要抢钱而已，是不得已的。受害者会接受来自挟持者的微小善意，从而产生"对给予生命本能的感激"。当然，矛盾的地方在于，正是他们置受害者于险地的啊！

这其实跟古代帝王专制下的臣民的心态类似。暴君的略施小惠，就是给人民天大的恩赐。甚至在电视机前看古装剧的我们都有点感动了，忘记君要臣死，臣不得不死的极权逻辑，反倒是因为君王的恩赐，让我们开始肯定这个角色。

斯德哥尔摩综合征的案例中，有另一个常见的特征是患者会经历被低幼化的过程，被限制自由，并且像是严苛的父母对待小孩子一样，未经允许，他们不能吃饭、说话或者上厕所。这或许也容易使患者回到一个类似婴儿的状态。婴儿虽然不会说话，但会选择依附在最靠近他们、最有力量的成人身上，为了使他们的生存可能最大化。这种依附在最有权力的人身边的反应，可能也是造成斯德哥尔摩综合征的原因之一。

研究指出，虽然男女都有可能得斯德哥尔摩综合征，但女性的比例偏高。除了女生心地比较软、容易受感动等可能的特质外，以色列军事历史学家阿扎尔认为，这是少数从远古时代留存下来的心理现象。在狩猎采集的时代，女性时常被邻近的部落绑架，然后融入该部落，进而结婚生子，产出下一代。这种绑架、强奸的致命暴力，化为生命的本质冲突，或许可以用来解释斯德哥尔摩综合征的心理冲突。为了保护自己和孩子，女性发展出这种"为存活而适应"的心理特征。

我们可以看出，斯德哥尔摩综合征总是有权力关系的不对等。银行里的人质、肉票与绑匪，进而推到家暴案件中，受虐的妇女对丈夫的依赖，或任何有"控制"和"被控制"的关系。而在这个过程当中，患者经历三个阶段：从恐惧加害者，到同情加害者，最终认同加害者。

像一个被家暴的妻子，因为看到了丈夫施暴后的悔意，或情绪失控后的脆弱，开始同情他。这时如果她又被洗脑，觉得是自己哪里做错了，才会让对方这么痛苦，痛苦到不得不施暴，她合理化暴行，是为了借由相信加害者，让自己感觉不再受到威胁。最后，竟然变成一种自我定义："就是因为我这样，我才会被打骂。"这就是所谓的创伤羁绊。加害者和受害者变成同谋，从而不再有"受害者"。

那我们要如何帮助斯德哥尔摩综合征的患者呢？除了聆听、陪伴以外，我认为最重要的一点是，要接受患者的不确定性。尤其是受害者对加害者的说辞的反复。不要急着去找出矛盾之处。因为反反复复，可能正是他的生存之道。这种案例，在性侵受害者身上特别明显。受害者对强暴他的人产生了某种爱意，却又跟真正的爱情有所不同，对自己和对方都爱恨纠结。

我们需要先提供一个让患者感到够安全的环境，再慢慢地逐步拆解他纠结的逻辑，让他理解他的选择，甚至他的感情，也是一种不得已发生的生存反应。同时我们也要小心，不要过度批

评、否定那个加害者，因为被害者同情的说不定正是加害者本身
被孤立的处境。就如同在《美女与野兽》的故事中，当女主角贝
儿看到村民集体去围攻野兽的时候，也就是她更确定自己其实爱
上野兽的时候。

当然，那是虚构的故事，不过想一想，那岂不也是个一开始
是加害者和被害者的关系，但后来成为 true love（真爱）的关系
吗？而且绝大部分的观众看完了电影，还会认同这种爱情呢！

如果我们自己都能够被一个电影剧情说服，那么即使前提错
误，爱有真假之分吗？我把这个问题留给你来思考。

洁癖患者的强迫症行为

一位西装笔挺的男士匆忙走进厕所，从口袋里拿出一个香皂盒，开始紧凑却有条不紊地进行例行仪式：他使劲用右手指尖搓左手，再用左手搓右手，一直搓，一直搓，一直到指甲在手上划出两道伤口。他顺手拿了纸巾擦掉血迹，这样才算洗完手。

但离开厕所时又发现：哎呀！糟糕了！他开门时总是会用纸巾垫着门把，但那最后一张纸巾刚刚被他用过了，于是他只能紧盯着门把，什么也做不了，只能等到别人帮他打开那扇门……

这是谁呢？他是 20 世纪的美国企业大亨 Howard Hughes（霍华德·休斯），而刚才那一幕，则是来自莱昂纳多饰演的他的传记电影，*The Aviator*，大陆的片名则是《娱乐大亨》或《飞行家》。

Howard Hughes 是很有名的洁癖症患者。据说，他只喝密封的瓶装鲜奶，随身总是携带自己的肥皂，并且总是与人保持"安全"距离。"洁癖"，是一种强迫性神经官能症。有洁癖的人，认为所有的物品都遭到"污染"，只有透过不断"清洗"才能让他们感到安心。所以与其说这些人有"洁癖"，不如说他们有"强迫症行为"，强迫自己总是要清洗。

有电视节目还曾经拍摄这些有清洗强迫症的患者，我绝对忘不了其中的一个画面：一位女士对马桶清洁非常执着，每天花好几个小时刷洗马桶。为证明自己的马桶有多干净，她不只舔小便斗，还从马桶里舀了一杯水喝下。你肯定觉得她疯了，再怎么干净也没必要这样吧。你可能认为有强迫症的人是完美主义者，凡事追求整洁、条理，但其实他们强迫的行为不但过了头，甚至会很矛盾。

之前就看过这么一个案例：有个人跟朋友一起租屋，室友总是觉得那个人的衣服很臭，还捏着鼻子说："欸，你那身衣服多久没洗了？酸到都可以腌咸菜了！"但那个人自己很困扰，因为他知道臭的不是衣服，其实是 5 天没有洗澡的自己。对你我来说，洗澡或许是一天中最享受的时刻，但那个患有强迫症的人可不这么认为。他之所以很少洗澡，是因为洗澡对他来说是种煎熬啊！

我形容一下，他是这么洗澡的：他走进浴室，关上门，转 3 圈，蹲下 3 秒，然后起身踏出浴室，在心里面默数："第一次。"然后又走进浴室，关上门，转 3 圈，蹲下 3 秒，再起身踏出浴室，"第二次"。他就这样一次次地重复着相同的动作，直到第 60 次，才能够走进淋浴间洗澡。你想，如果你每次洗个澡就得转上 60 圈，时间一久，理所当然就会害怕洗澡。

这位转圈圈的人的毛病也同样是强迫症。是的，同样身为强迫症患者，症状与行为会因人而异，甚至天差地别，唯一不变的是强迫症患者都深受"强迫性思考"或"强迫性行为"的折磨。

所谓"强迫性思考"包括反复出现的思想、情绪、冲动或感受。强迫性行为则像是一种仪式，患者会一而再，再而三地去做。他们很清楚不应该这样，也知道这些行为毫无意义，但内心涌现的强烈焦虑和恐惧，逼迫他们非这么做才会感到舒坦。就像那个转 60 圈才能洗澡的人，他知道这一切只是浪费时间与精力，但他觉得如果不这么做，天就要塌下来似的不舒服。

这虽然是很极端的例子，但你我可能都有些时候会感到这种莫名其妙的不安。想象一下：你睡过头，匆匆忙忙换好衣服拎了包包赶出门，刚踏入电梯，心想："我刚刚关掉瓦斯了吗？""唉，怎么可能会忘记，想太多了！"你继续赶路，走到巷口却又折回家了，因为这个声音在你脑中挥之不去："我关了瓦斯，那门锁好了吗？还是回去看看比较放心！"

别担心，这不代表你一定得了强迫症。每个正常人都会有怀疑自己的时候，在合理的范围内都不成问题。但如果你每天花很多时间检查门窗、瓦斯，只是出个门就要耗上 1 个钟头，那可就另当别论了。

所以我跟你分享"强迫症"，有个很重要的目的，就是因为我发现多数人对强迫症并不熟悉。首先，强迫症不等于完美主义，也不只是个无伤大雅的"怪癖"而已。世界卫生组织甚至把强迫症列为扰人的疾病的前 10 名。"强迫症"，心理学的专有名词是 Obsessive-Compulsive Disorder，简称 OCD。

强迫症的诊断依据包括：

1. 思维或冲动来自患者本身并且一再出现；

2. 患者能意识到自己的强迫观念或行为是不合理的，与之对抗却无能为力；

3. 实施动作的想法令自己感到不悦，每天花费 1 小时以上，造成严重的生活困扰。

由此可见，强迫症可能造成的伤害绝对超乎你的想象。在现在的社会中，大约 1% 的成人符合以上的诊断标准，其中有一半能被归类为"严重强迫症患者"。而更多人则是有轻微的强迫性思想。换句话说，许多人为强迫症所苦，只是程度不同。

以前，心理学家认为强迫症只是单纯的心理疾病。但近年来，神经学者发现强迫症患者的大脑的确有些不同。他们发现，多数强迫症患者的基底核新陈代谢比正常人高出许多。基底核与控制人类理智行为的"前额叶"有许多连接。所以科学家认为，可能是过度旺盛的信息传达到前额神经中枢，影响了控制冲动的功能。同时，血清素及多巴胺这些神经递质的失调，也可能造成强迫症。所以，强迫症的起因有生理和心理的因素，也需要生理和心理两方面的治疗评估。

对强迫症，通常会使用药物治疗与认知疗法。为了调整血清素失调，医生可能会开比较高剂量的抗抑郁药物，持续服用两个月后可减缓强迫症，但必须长期服用才能够防止症状复发。而且药物治疗并不是对所有人都有效。行为治疗的效果不比药物治疗逊色，复发的概率也比纯粹药物治疗来得低。认知疗法，简单来说就是重新训练你的大脑。在治疗中，每当强迫思考浮现的时候，患者必须练习不做出强迫行为，学会如何与脑中的强迫感共存，训练自己化解或转移那个焦虑感。通过反复的训练，许多患者的强迫症状都能够得到妥善的控制。

　　如果你觉得自己有轻微的强迫性思考，我建议你：首先，保持心情放松的状态，培养"平常心"，不要给自己太大的压力，因为排斥只会使自己更加焦虑与痛苦。同时，让自己保持正念。什么是正念呢？ Mindfulness，这是我一直在提倡的生活态度，简单来说就是注意自己当下的感受，但是不带任何批判。如果有焦虑的负面情绪，就让它像一朵乌云似的，划过你的天空。学会接受它，反而不会让自己因为这个焦虑，而开始做各种不理性的强迫行为。

　　最后，也是最重要的，增强自信心。强迫症与缺乏自信脱离不了关系，因为对某些事物有所恐惧，于是产生强迫思想与行为来缓解紧张的心理。也就是说，你必须在日常生活中多点自信，相信自己的能力能够帮助自己克服强迫症。

　　我希望今天的分享，能够帮助到你。如果你觉得自己的强迫症的确很严重的话，那还是建议你去专业的精神科医师那里咨询。但相信我，也相信自己：强迫症，绝对是可以治疗的。

反社会人格障碍是"人魔"吗?

在社会新闻、骇人的犯罪事件报道中,我们经常会听到"人魔"这个词,来形容人心丧尽、毫无良知的大恶人。但从心理学角度来看,究竟什么是"人魔"呢?

科学既然不讲魔鬼,那又如何解释"魔"这个状态呢?

在 19 世纪,医生们就发现,有些精神病患呈现出所谓的"道德沦丧"或"道德错乱"的状态。这些病患本身似乎没有明确的道德观念,甚至有反道德观念。于是他们将这些人统称为"psychopath"。

Psychopath 这个词,本身笼统的翻译是"精神病患",但精神病本来就有很多种,而所谓的 psychopath,就症状而言,最接近的类别叫作"反社会人格障碍"(antisocial personality disorder)。

从"反社会"这三个字,你就可以知道,这种人的思考方式或心理状态,是与社会规则相反的。我们人类能够发展出社会,是因为我们共有一些基本的相处原则,例如:互惠、互信、同理心、博爱……这些都算是最基础的"人性"。但是有反社会人格障碍的患者，就不按照这些牌理出牌。他们很冲动，不遵守规则，时常用暴力解决问题，只图自己的利益，而且还缺乏同理心。也难怪，许多反社会人格障碍的患者被称为 sociopath，他们经常有法律纠纷，许多也会犯下重大的罪行。

但是 psychopath 还更进一步。Psychopath 有反社会人格障碍患者的特点，却没有他们的冲动。他们反而异常冷静，即便是碰到一般人会失控的状况，他们也都能维持理智，临危不乱。而且 psychopath 完全没有良知的概念，虽然知道什么是对错，但也对这些后果一点感觉都没有。你可以说，他们少了最基本的人性，真的称得上"冷血无情"。

相较于反社会人格障碍，Psychopath 可能是因为童年受虐，或其他的后天因素造成。心理学家认为，psychopath 很可能是一种先天的脑部缺陷。但这个缺陷并不影响其他方面的智力发展，所以 psychopath 看起来跟正常人一样，甚至有时候比正常人还更好。你刚认识他们的时候，还很可能会对他们有很好的印象。因为这些人很懂得怎么操弄别人的情绪，而且因为自己不受情绪的影响，不会内疚，说谎都能脸不红气不喘，所以还会显得特别有魅力。

最可怕的一个 psychopath 罪犯，应该就是美国的连环杀人魔 Ted Bundy（泰德·邦迪）。他很擅长对受害者讲甜言蜜语，再加上他长得英俊，使他犯案无往不利。从 1974 到 1978 的短短 4 年当中，他至少奸杀了 30 位女性，而这些也只是侦查员能够确认的，实际的数目还可能更多。他被逮捕后，跟记者说："我一点都不后悔……回想过去那些事，还蛮开心的。"更不可思议的是，即便他在监狱里，竟然还持续有女生写情书给他，其中一位还在他的凶杀案开庭的时候，在法庭上当面接受他的求婚，后来还跟他生了个女儿！

天哪！你实在无法想象，一个冷血、自恋、聪明，又毫无良知的人，能够干出来什么样的事！就好比《沉默的羔羊》那部电影里的 Doctor Hannibal Lecter（汉尼拔·莱克特）一样，他们是非常危险的人物。

让我们来进一步分析 psychopath 的几个特质：第一个，是冷酷无情。比如说，让我来问你一个很有名的道德问题。假设今天有一列火车已经失控了，继续往前会撞死五个正在轨道上工作的工人。你是站长，也是唯一一个看到意外即将发生的人，你救这些工人的唯一办法，就是拉下你手边的一个控制杆，把这列火车转到另一个轨道上。但是在这个轨道上，也有一个工人，你拉下之后，会换成他被撞死。你会拉吗？我相信大部分的人都会选择拉下控制杆。因为这虽然牺牲了一个人，但可以救五条命。

但假设今天我们把题目换一下，同样，失控的火车要撞上五个人。但今天你没有控制杆，你就在铁道上面的一个平台，你身边有个大胖子，是你的同事。只要你那个时候把他一把推下去，他落到轨道上面，火车撞到他，就一定会停下来，那轨道上的五个工人就能获救，你会不会推他呢？一般人到这里可能就会迟疑了，因为亲手推一个人，而且还是认识的人，跟间接拉一个控制杆，内心的感觉是很不同的。但是对一个 Psychopath 来说，这是根本不用思考的，他们一把就可以把他推下去，而且不会有任何内心的冲突和内疚。

Psychopath 的第二个特质，就是对于一些正常人可能会感到恐惧的状态，他们无论是在身体上还是心理上，都不会感觉到恐惧的情绪。所以他们遇到挫折不会气馁，也能够不屈不挠，意志坚定。

第三个特点，则是自恋。他们极度自恋，看待自己的时候，总是坚信自己会取得成功，永远都是看到自己好的一面。他们甚至觉得自己高人一等，也觉得"正常人"都是弱者，每一个人，包括自己的亲人都是一个可以利用的棋子。

也是这种自恋与自信，再加上异常的冷静，让 psychopaths 能够融入社会，甚至被别人误认为有领导特质。问题来了，既然这么难分辨这些冷血变态，又要如何诊断呢？目前心理学界最常使用的测量表，是由一个加拿大的医生 Robert Hare（罗伯特·海尔）所设计的，俗称"海尔量表"。这个项目包含 12 项测试，满分是 40 分。要是你拿到了 40 分，那你就是一个不折不扣的 Psychopath。前文提到的 Ted Bundy，拿到了 39 分。超过了 30 分，你就会被认为有所谓的 Psychopath 倾向。

但这里也要强调一下，即便一个人被诊断出有 psychopath 的倾向，也并不表示这个人就一定会是个冷血杀手！要怎么诊断一个人有没有犯罪行为的倾向呢？有几个方法可以供你来参考判断。

首先第一点要注意的是，这个人小时候的经历。弗洛伊德认为，一个人小时候的状况，会影响他之后的人格发展。一个人要是小的时候亲密关系没有建立好。渴望得到爱的时候没有得到，这样的失落有可能就会转变成一种压抑。俗话说，不在沉默中爆发，就在沉默中变态。说的就是这个道理。

其次，有 psychopath 倾向的人，有些小时候就会虐待小动物。

通常3～5岁的孩子，在接触外界的时候，会把外在的事物拟人化，比如说：这是太阳公公，那是月亮阿姨、大象先生、兔子小姐等等。这在心理学界称之为"泛灵心理"。也就是说，儿童认为所有的东西都是有生命的，也因此，对他们来说，动物跟人其实没有太大的差别。他们可以把动物当成家人一样爱护，当作他们的兄弟姐妹。而要是他们残忍对待动物，其实就跟他们虐待人类一样，不是因为它们是动物，而是单纯因为它们比较弱小。

所以要是孩子发展出虐待动物的行为，并不是出于好玩无知，这是一个相当严重的信号。很有可能继续发展下去，会演变成攻击人类的行为。美国FBI的调查显示，最凶残的杀人犯，在儿童时期跟青少年时期，几乎都有过虐待动物的经历。下次要是你聊天当中无意发现某一个人曾经有过虐待动物的癖好，你可能就要特别留心这个人。

还有另外一个行为你需要特别注意，就是控制欲特别强的人。比如说，要是你的追求者、暧昧对象、男女朋友，常常打电话给你，传信息给你，对你回复的时间很在意，内容又多是问：你在哪里？你在做什么？跟谁在一起？这个可能是爱的关心，但如果频率太高，你则需要好好注意。他可能不只是爱你爱得疯狂，而是想知道你还有没有在他的掌握当中。这时候，你就必须要去正视这个问题，好好跟他沟通。

但要是他的行为超出了正常的状况，比如说跟踪你、骚扰你、威胁你的话，那你就要非常小心。你可能会想，不冷落他就好了。但他们不会因此善罢甘休，会有毁灭自己与对方的想法，只要被引爆了，他们就会做出疯狂的举动。这算是一种反社会人格障碍的体现，因为他们没办法去拿捏一个与人交往的"正常距离"。

　　讲了这么多听起来蛮吓人的信息，我还是要提醒你，虽然防人之心不可无，但也不要让这个造成你对所有的人有恐惧。如果你真的觉得认识的人有可能会是一个 psychopath，就要想办法保持距离，或私下向专业的精神科医生和执法人员求助。

　　最后，一个人会不会成为一个犯罪者，在很大程度上取决于后天的影响。所谓的后天影响，也就是这位患者成长的时候有没有感受到"被爱"。即使他们天生就有心理变态的人格，但只要他们生长在"有爱"的家庭，只有大约不到一成会有犯罪行为。

　　所以我们要知道的是，这是一种病态，或许是无法痊愈的病态，但病态不等于犯罪状态。世界上有这种人的存在，你需要理解这种人与我们有什么不同。

　　我们只能够靠理解，理性对待，但我们不需要同情。因为这些人不会、不需要，也不同情我们。这也就是心理疾病的可畏之处。

面对变态杀人狂，我们该如何保护自己？

　　不知道你对过去的一则新闻有没有印象，一位中国女硕士毕业生，章莹颖，在美国伊利诺伊大学做交流学生的时候，外出前往签约租房，疑似因为赶路的关系，搭上了一辆顺风车，之后就失踪了。警方逮捕的主要嫌犯是一名28岁白人男子，Brendt Christensen（布伦特·克里斯滕森）。

　　有两件事令人意外：首先，主嫌已婚，没有前科，是一名典型的"普通市民"。而且，他刚拿到伊利诺伊大学物理学系的博士学位，是一名高才生。目前，Christensen被美国联邦执法机关羁押，他仍然声称自己没有犯案，而章莹颖在我写作本文时仍然下落不明。

　　美国有30多万名中国留学生和交流学者，留学生在海外遇害的消息，也是不时就会出现在新闻中，实在令人痛心又担心。海外学子要如何保护自己呢？什么样的人需要格外注意呢？这件事引起了网络上的广泛讨论，我要跟大家说的是：无论人在家乡还是异乡，最需要注意的是身边的人。

根据联合国统计，约八成以上的强奸案，都是来自互相认识的对象。整体来说，一半的暴力犯罪者，都认识被害者。一是因为更了解被害者的习惯与行踪，他知道你固定时间可能会出现在哪里，知道你什么时候会是单独一人，甚至因为了解你，跟踪还更容易。第二个原因可能是彼此认识，所以被害者一般不会声张。

根据警方调查，这类型的犯案很多都是事先预谋好的。也就是说，加害者不是临时起意，随便在路上看到一个人就下手，而是经过缜密的计划，观察、模拟之后才实施的。这个计划的过程往往很长，而有一些小细节可能是你平常能够察觉的。

那么，我们要怎么样才能察觉身边的人是否有这种攻击倾向呢？这些就需要你跟一个人在相处之中仔细地观察。这里提供一个方法以供参考：你可以在一个人非常疲惫的时候去观察他。

心理学大师荣格认为，人们为了和社会互动，每一个人在不同时刻都会发展出所谓的"人格面具"。"人格面具"往往是符合社会期待的一种形象。但是我们要维持我们的人格面具，需要花一些力气，也需要花一点意志力。在我们能量低下的时候，意志力会比较薄弱。所以，一个人在疲惫的时候所展现的状态可能会显示人格的缺陷或变态。

另外一个观察的机会，就是当对方情绪化的时候。比如说，你有没有看过一个影片的情节，是一个男孩对女孩子又爱又恨，但又不想对女孩子动手，最后很豪迈地一拳打向墙壁。这时候看影片当中男孩的手缓缓流出鲜血，你可能觉得好帅。但我要提醒你，这样的人可能会对你有危险。因为这其实也算是一种暴力倾向的展现。对方不懂得如何调节自己情绪，所以用暴力作为发泄的过程，很可能最后变成一种习惯。你现在还不是属于他的，所以他可能不会动你。但一旦你属于他了，他就有可能会像不珍惜自己的身体一样，也不珍惜你。有一天，他付出的这些痛苦和尊严，会在你身上找回来。如果有一天你看到这种暴力的动作，即便不是针对你，你也最好小心，离这种人远一点。

另外要提到一个概念，叫作 Victim Precipitation Theory（被害者促发理论）。这个理论认为，受害者跟加害者互动的过程，将会影响犯罪行为的发生与否，以及发生的严重程度。

举例来说，有时候被害者一开始用挑衅的言行举止，甚至使用一些暴力的言语，伤害了对方的自尊心，而这往往是激怒加害者，使他失去控制的原因之一。而且，被害者当时很可能也相当激动，情绪失控下造成粗心大意或降低警觉心，也容易使他成为受到攻击的对象。

但这里也要提醒一点：这个理论不是在指责受害者。我们往往会看到，许多强暴案中的女性会被指责是自己不检点，或是穿着暴露之类的。但是这样的指责会对受害者造成二次伤害。

我介绍这个概念，是想要让你知道，你的行为可能会对你的安全状况造成影响。而我想要在这里提醒你几件事情。第一个是尽可能地保持强悍自信的样子，或者说不要让别人察觉你的害怕。研究显示，加害者在袭击之前，会先去看受害者的肢体表现。比如说，走路协调与否，整个姿势是不是自信有力，眼神有没有闪躲畏缩，将会决定加害者要不要选择这个目标攻击。

　　而另外一个调查显示，对许多外国人来说，一个穿着性感的亚洲女生可能相对来讲不容易成为受攻击的对象，反而是衣服穿得比较保守，举止比较乖巧，甚至有点畏缩的女性，容易成为攻击的对象。因为犯罪者有个刻板印象，他们认为亚洲女性比较弱小。当然，这么说并不表示女生可以任意穿得很暴露，这只是学者之前的一个观察发现。总而言之，无论你怎么穿，一定要保持自信、警觉的态度。

　　另外一个重点是，不要主动挑起争执。有许多研究显示，在犯罪行为当中，有将近三成以上的犯罪是受害者主动挑起争执、拿出武器或有攻击行为的示意之后，双方产生冲突，导致不幸的后果。当然，真正的犯罪者心理相当复杂，犯罪的动机也往往很难预见，心理学家没有办法百分之百确认什么样的人才会犯罪。而我们能做到的，就是提醒你小心与警觉。

　　总结一下，熟人犯罪，分为两个部分。第一个是熟识但不是非常亲密的对象。我们可以对人友善，但是不能轻易放下心防，尤其人在外地时，小心一点总是没错的。不要因为他很多次在公交车上、校园里总是对你微笑，就以为这样的人一定就是好人。

　　第二个是熟识且亲密的对象。而这类犯罪，可能都有迹可循，也有一点点的征兆可以觉察。首先要做的第一步，是要平时冷静观察，好好沟通，不要挑衅，用理性沟通化解冲突，有必要的话，也不要不好意思找警察来协助。

　　人在外，需要保持警觉，有防人之心，不能因为认识，就掉以轻心。

从众心理：群体迷思与魔鬼辩护人

台北市有全世界最整洁的捷运系统之一。每次我搭乘台北的捷运，都会非常惊讶这里有多么干净。相较地面上的车水马龙、机车行人四处钻动，地面下即便拥挤，也总是非常有秩序。甚至有一种特殊的捷运文化，原本它是一句口号，张贴在电扶梯上："靠右站立，左侧通行。"

这个政策是哪一年开始倡导的呢？有人说是1999年，有人说是捷运开始营运的1996年。不论是哪一年，自从我有印象以来，在捷运电扶梯上，我就一直是走左边，站右边。我身边的人也都是这样。它可能是台北市成效最好的倡导政策，没有之一。因为它连带影响了所有有电扶梯的地方。

但这个政策在2005年的跨年夜，间接地造成了意外，新闻报道为"掀头皮事件"。当天晚上，在市政府捷运站，跨年散场的人非常多，结果群众在电扶梯左侧通道行走的时候，发生了推挤，一个女孩子跌倒在地上，她的长头发被电扶梯末端的机器卷入，当场血流如注。

　　"掀头皮事件"以后，台北捷运改了他们的倡导口号，变成"紧握扶手，站稳踏阶"。而且，后来也有报道指出，当人都站在右侧的时候，会造成电扶梯不平均的耗损，于是，台北捷运就取消了靠右站立的政策。

　　但十几年过去了，有没有什么改变？没有，大家都还是很有秩序地站在右侧。我问了一些朋友，他们大部分也都知道左侧通行的政策早已经取消了，但平常还是都会乖乖地靠右站立。为什么呢？没有为什么啊，因为大家都靠右站啊。我不想和大家不一样。一群人搭电梯也是一样，谁说进电梯都要面对同一个方向？但大家都会这么做，对不对？这种想法，就是心理学所说的"从众行为"。

　　从众行为是一个动作，背后有个压力来源，就是群众，或者说团体里的多数成员。在前文的例子里，一起搭电扶梯的人可以算是一个团体，即使他们彼此并不认识。在社会上，有更多更紧密的团体，像一个班级、一家公司，它们能造成的同侪压力就更大、更全面。身处其中的人，一不小心，就会陷入"群体迷思"，为了和别人的想法保持一致，失去了独立思考的能力。

　　美国心理学家 Solomon E·Asch（所罗门·阿希）在 1951 年设计了一个经典的实验，印证了人们的从众效应。

　　这个实验由 8 个人为一组，每个人轮流作答，但只有最后 1 个人才是真正的实验对象。其他 7 位都是实验者事先安排好的"暗桩"。实验者拿出一张画有一条直线的卡片给大家看，然后再拿出另外一张卡片，上面有三条不同长度的线。问题很简单，请问哪一条线和第一张卡片上的线是一样长度的？这些线的长短差异都是很明显的，一般人都很容易答对。实验一开始，大家都会说出正确的答案。但进行了几个回合之后，暗桩们则会开始异口同声地说出错误答案，例如，假设正确答案是 A，前面的暗桩就都轮流回答 "C"。7 个人都说 C，这时候，轮到了第 8 个人，也就是不知情的真正的受试者，问题就是，他会不会受到影响呢？他会说出别人没有说的正确答案，还是跟随前面 7 个人，说出错误的答案呢？

结果显示：每 4 个人之中，只有 1 位会每一次都按照自己的看法作答。其他的人多少都会受到暗桩的影响，至少给了一次的错误答案，而其中 5% 的人则是每一次都随从多数意见；暗桩说什么，他们就说什么。这个实验以及后来许多其他的类似实验，都证明了这个现象：绝大部分的人多多少少都会受到从众压力的影响。

三国时代的文人李康说过一段话："木秀于林，风必摧之；堆出于岸，流必湍之；行高于人，众必非之。"用现代的话说，就是"枪打出头鸟"。因为人类是社群动物，我们的存活，需要与其他人和睦相处，所以这种随从多数意见的压力是很正常而且很强烈的。我们都不想做那个破坏团体和谐的人，都不想变成边缘人。问题是，如果一群人在讨论事情的时候，多数的声音明明是错误的，但看清真相的人不敢说真话，那就可能会造成严重的误判。而且心理学家也发现，许多人在从众压力下，为了平衡自己内心的认知失调，甚至会开始改变自己的信念，确实认为那多数的意见其实是对的。这个现象，就叫"群体迷思"，英文又称Groupthink。

有三种条件，最容易造成群体迷思。首先就是一群有团结感的人。第二是这群人做决定的时候与外界隔离。第三就是这群人所做的决定，有时间压力。这三种条件都具备的时候，就很容易有群体迷思发生。当群体意识很强的时候，这个同化的压力会压抑个人主见。这时候发表自己的立场需要勇气，更需要支持。但你往往会发现，当你真正提出意见时，原本应该会挺你的人不但退缩了，甚至还改变了自己立场。你对他们生气，他们说不定还恼羞成怒，反过来咬你一口。

你一定听过《皇帝的新装》这个故事吧？最后敢大声说国王没有穿衣服的，毕竟是个孩子。问题是，哪一个大人敢开口呢？当你发现自己处在群体迷思当中，讨论的过程已经越来越偏差，这时候你不是领导，又该怎么提出反对意见呢？

让我们回到 Solomon Asch 的"看哪条线比较长"的实验当中。8 个人里，有 7 个都会受到暗桩的影响，说出明明是错误的答案。但这个实验只要改变一个条件，就会彻底改变结果，那就是：即使所有其他暗桩都说出了同一个错误答案，只要有一个暗桩表示"呃，不太确定"，那么几乎百分之百的实验对象都会选择诚实作答！

另一个会逆转结果的情况，就是如果实验对象只需要把答案写在纸上，而不需要说出来。当自己的答案不会被群体知道的时候，所有的实验对象也都会诚实作答。由此可知：要对抗群体迷思，需要创造质疑的空间和私密的发言机会。如果你想说实话，却又担心受到攻击，那就要很注意自己的沟通技巧。

所以我建议你，不要说："我觉得 A 明明才是对的啊。"因为那样的言下之意是：你们其他人都说错了。更不要为了表达自己的意见，加入一些攻击性的语言，像是："你们都瞎了吗？明明是 A 才对！"这样虽然会很快吸引大家的注意，但也一定会受到挞伐。即使你完全是对的，也不能这么白目。

换个语气，装傻一下吧。

"天哪，我一定是瞎了，我怎么看都是 A 跟它一样长，好奇怪。"

"哈，我这个人就总是慢半拍，可以解释一下为什么是这样吗？"

"我可以问一个很白痴的问题吗？"

当你用自嘲来表达意见的时候，别人就比较没有理由立刻攻击你。这样你既提出了自己的见解，又不至于冒犯众人。接着你可以顺势请其他人解释他们的看法。群体迷思这头傻傻的野兽可能就会逐渐现形了。当原本选择沉默或和群体保持一致的成员开始表达不同立场时，你就开启了一个空间，让其他声音可以进入。

请记住：团体压力下形成的野兽凶猛且愚笨，要顺着它的毛摸，不要惊动躲在毛发里的跳蚤。我们要有技巧地质疑，但不破坏氛围。不要得理不饶人，让场面难看。即使你很确定自己是对的，在表达上也要懂得迂回。

几年前，有一部很叫座的德国剧情片，叫《浪潮》。故事的主角是一位历史老师，他为了让学生了解第二次世界大战时纳粹如何席卷人心，德国人民又如何坐视纳粹的暴行，于是在班上做了一个实验：指导学生成立一个名为"浪潮"的组织，推展"纪律就是力量，团结就是力量，行动就是力量"。他们有自己的口号，有自己的制服、手势和规矩。

结果，成员人数不断增加，"浪潮"真的在校园形成一股浪潮。历史老师被推为组织的领导者。成员们彼此监视对方对团体的忠诚，非成员遭受暴力和恐吓。他们终于演变成一个真实的法西斯团体。最可怕的是，实验的主持人，那位历史老师，竟然也陷入了群体迷思之中，一度紧紧抓住权力不放。他看似领袖，实际上也变成了从众效应的受害者与加害者。

这是一个虚构的故事，但我们不要忘了，他们模仿的对象"纳粹"却是历史上真实存在的。我们要知道，群体迷思的影响力是很大，也很深层的。一旦陷入，就很难自拔，因为我们本身的思想也会受到扭曲。未来在一个团体当中，如果你希望能够避免群体迷思，那真正明智的做法，就是要事先安排一个刻意唱反调的人，来担任监察的角色，透过提出各种反对意见，来帮助群体找出漏洞，或没思考完善的地方。这种人，英文有个特殊名词叫 devil's advocate，即魔鬼辩护人。

这个名词来自罗马天主教教会，其实是教会所指派的一个正式职位。每当一名品德高尚的人士被教会提名为圣贤的时候，这位魔鬼辩护人就要担任调查人员，尽全力挖掘这名候选人是否有任何人品和道德上的瑕疵，这样，才能确保一个人死后不会因为众人的吹捧而被轻易封为圣贤。

虽然忠言逆耳，但忠言如果能够拯救一个团体、一个公司、一个家庭、一个社会，那我们的确需要多一些魔鬼辩护人，来对我们的群体思路进行一些必要的推敲，并创造质疑的空间。只有这样，我们才能避免让群体迷思的影响成为集体的盲点。

什么样的情况最容易受到潜意识操弄？

在广告界，有个很经典的例子。1957 年，美国的一个广告公司在一家戏院做了一个为期 6 周的实验。在电影放映中，每隔 5 秒就会闪动一次标语：喝可乐（DRINK COKE）、吃爆米花（EAT POPCORN）。每次闪动 1/3000 秒，闪过去根本看不清楚是什么，甚至不说的话你只会觉得一闪，根本不会特别注意到。结果发现，在这段测试期间，可乐与爆米花的销量竟然增长了 75.6%！

可想而知，当时这篇报道引起了轩然大波，也让这个广告公司名声大噪。有些后来的报道指出，当时的研究方法有瑕疵，效果可能被夸大了，其实研究本身就是一个炒作，但这种涉及潜意识的广告方式，也因此成为心理学上被广泛研究的主题。而后来许多研究也证实，用这种短而不被觉察到的方式去呈现某些广告，确实会影响我们一些人的购买行为。

还有一个很有名的例子发生在政治圈。2000 年美国总统大选期间，小布什被指控利用潜意识操弄的方法，在一个电视广告中，当竞争对手高尔（Al Gore）的名字被提起的时候，屏幕上会快速闪过"RATS"（老鼠）这个字样，让观众对高尔产生不好的联想。

虽然小布什一直否认使用了潜意识操控，但是有不少人觉得那的确是故意的，也因此对这个广告进行了实验。他们对 91 位参与者分别快闪了四个词："RATS"（老鼠）、"STAR"（星星）、"ARAB"（阿拉伯人）和"XXXX"（表示没有任何意义）。接着，再给他们看一张虚拟的政治候选人的照片。研究结果发现，用"RATS"作为潜意识信息，确实会让实验者对政治候选人的负面情绪增加，而其他三个词则不会。

这个例子也轰动一时，虽然小布什否认他有任何这种操弄的意图，但或许这或多或少都达到了一些效果，毕竟后来小布什也确实当选了总统。

潜意识操弄，特别是针对我们感官的信息，其实随时都在发生。比如说，为什么面包店的出风口都要对着街上？因为当你路过，闻到了新鲜出炉的面包香，有意无意都会提醒你，这里有好吃的面包哟！美国的连锁餐厅 Chili's（奇利斯）还会在店门口播放肉在铁板上嗞嗞作响的声音，因为那样会增加客人的食欲，他们的铁板法士达也的确卖得特别好。

在 2011 年的《消费者心理学杂志》中，学者做了一系列的研究，探讨到底是什么样的因素，会使潜意识操弄影响到我们的消费决策。

有一个实验是让人选择饮料。先是测量受试者的口渴程度，然后请他们在两种饮料中做选择，一种是瓶装水，一种是冰红茶，但先不给他们喝，而是要让他们再做一个测验。这个测验有点无聊，就是数屏幕上出现了几个大写字母、几个小写字母。而在这期间，计算机会用快速、超乎能够被察觉的速度，在屏幕上闪过一个冰红茶的品牌。

做完这个测试后，学者就实际拿出水和冰红茶，让消费者选择。结果发现，当消费者不口渴的时候，通常会选择平常他就比较喜欢喝的那个饮料。但是，在口渴的时候，他们就很容易被这种潜意识操弄影响。如果受试者平常就爱喝冰红茶，就更会选冰红茶，但如果是平常爱喝瓶装水的，就会被影响改变选择，去喝冰红茶。这就是关键了！

我们所说的潜意识操弄无所不在，但你也不用恐慌地认为自己随时随地都被影响着。

根据心理学的研究，我们被影响是有条件的。而这个条件通常发生在当我们某种内在资源匮乏，我们已经开始在寻找某个东西的时候。比如当你口渴的时候，潜意识已经在告诉自己我要喝东西，这时候则会更容易被潜意识操弄影响。当你比较累的时候，也会更容易因为潜意识操弄而展现冲动性的购物行为，买了那些你平常其实不需要的东西。潜意识操弄的结果会让你有更强的动机去追求你原本就设定好的目标；也或许会影响你在没有精力去深思熟虑时，去做那些不是你平常习惯的事情。是否有效，关键就在于你的心力有多强。

说到这里，未来你可以怎么留意自己不被轻易操弄呢？当你筋疲力尽时，提醒自己这时候先休息，别轻易做决定。或许某些潜意识操弄跟你原本想要的是相同的，但很多时刻潜意识操弄会出现在购物上，当你的钱需要好好调控时，就要避免莫名其妙的冲动购物了！

　　再来，你平常就可以留意自己的偏好是什么，把想要买的东西列一个清单。当这些事情在你的脑海中越清楚，你也就越不容易被潜意识操弄影响。

　　最后，你可以在平时多锻炼自己的心志能力，别总是想跟着感觉走，想想你做决定的来龙去脉，想想事情的前因后果，详细地规划事务，深思熟虑地检视自己生活中的决策。

聪明的人，

不是从不犯错，

而是懂得如何从错误中捕捉最高的经验值。

Chapter 3　改变自己，从今天开始

降低内心的负面声音

　　你是否曾经因为做错了件小事，或说错一句话，事后责怪自己："哎呀，你怎么那么不用心，怎么那么笨呢？"短暂的负面情绪，是正常的，我们可以借这个机会警醒自己，下次别再犯错啰！

　　但我知道，有许多人和自己的对话，不只是"偶尔"责怪自己，而是一直不断地反复倒带，内心充满了自责的声音。我们甚至有些时候让这个声音，盖过了我们的自信和热情，让我们在挑战面前却步，或即使在掌声之中，也感觉不到快乐。

　　适度的自省很正常，每个人都有个理想化的自我。有些时候，这个理想化的自我会跳出来批评当下的自我，而且毕竟是"自己"嘛，所以用词绝对不会客气。"你这个 loser（失败者）""你一无是处""你实在白活了！"之类的。

　　中国人说："严以律己，宽以待人。"但这句话的本意，不是要你对自己严苛，而是要"自律"。"自律"，也就是 self control，自我控制，这也包括控制我们自己不理性的负面情绪。

请回想一下，之前几次有不顺利的事情发生的时候，你是先怪自己，还是先怪别人？如果你一向都是先怪自己，那长期下来会影响自信。但如果你总是习惯把矛头指向别人，那也不太好，虽然当下保护了你的自尊，但长期下来，会影响人际关系。如果正在读这本书的朋友有这样的困扰，那么第一步，就是深呼吸一下，想象自己往后踏一大步，从一定的距离看自己。你是否正驼着背、垂着头、脸色黯淡地缩在那里？先跟自己说："嘿！抬起头来！给我一个有精神的样子！"你也可以站起来，伸个懒腰：啊——

心理学家 Amy Cuddy（艾米·卡迪）就在她的书《姿势决定你是谁》中总结许多研究，发现肢体动作和我们的情绪有直接的关联。改变姿势，也能改变内分泌和脑神经的状态，让人变得更有自信、有力量。而且，只要短短两分钟的时间，就能观察得出效果。所以，如果你观察到自己正处在一个畏缩、气虚的状态，第一个补救的动作，就是改变自己坐着或站着的姿势。

然后，你要仔细听听自己脑袋里的负面声音，是谁的声音。你说不定会发现，那个正在骂自己的声音，听起来像是别人。也许，像是你的父母亲，或者，像是你以前最怕的老师，或者，像是过去曾经嘲讽你的同学。他们说不定早就不在你的身边了，但他们的话，却成了你脑袋里的回路，久而久之，你甚至开始相信那完全来自你自己。

你其实是可以跟这些虚拟评论家对话的。因为现在的你，不等于以前挨骂的你。

让现在的你站出来，跟这些伴随你多年的角色说："你们当年的批评，造就了更坚强的我。而现在，你们这些声音可以退休了！"想象你跟批评自己的那些角色敬礼，目送他们走出你的脑海，走出你现在的世界，然后，拍拍自己的肩膀，跟自己说："你可以的！"试试看，在脑袋里回想过去解决了问题，感觉自己充满自信的时候。当时，你能克服困难，现在，你也可以排除万难。

没有了那些习惯听到的负面声音，一开始可能不太习惯。但当你发现，你可以解决问题，你可以开始改变现况的时候，那是一种踏实的力量。然后，就开始采取行动吧！就算还是经历失败，也别灰心。聪明的人，不是从不犯错，而是懂得如何从错误中捕捉最高的经验值。

你可以当自己最好的教练，最好的导师，只要你懂得如何往后退一步，观察并改变自己的行为。至于那些最爱唱衰你，还住在你心里的老朋友，请跟他们说："谢谢你的教诲，但你的时间，已经到了！"

不要再骂自己了

有一天，我去朋友家，跟朋友聊天的时候，他的小孩就坐在旁边练钢琴。我们聊着聊着，忽然小朋友情绪很激动地在猛跺脚，看起来又气又急的样子。

朋友就立刻上前去关心："嘿，怎么了啊？为什么这么生气？"

小朋友脸一红，哭了出来："弹不好啦！我一直练都弹不好啦！"

他爸爸傻眼了，我在旁边看他脸上写的就是："这是什么大不了的事情啊！继续练就好啦！"不过还好他没这么说，但他手竟然咻一下指向我："你看 uncle（叔叔）弹琴超厉害，他也是练了好久才练出来的，对不对？"

"对对对！"我说，"而且练习的时候，手指会不听使唤。这时候会很懊恼，是不是？"朋友的孩子点点头。"Uncle 也是这样！但我跟你说，你不能骂自己，也不能骂手指，不然它们会更不听话哟！"

我这句话可是经验之谈啊！虽然骂自己不听话的手指好像很幼稚，但其实我们大人也经常会做类似的事情呢！比如说，你今天在洗澡或吃饭的时候，突然想起前几天跟客户对话时，你不小心说漏嘴的消息，这时候你可能突然很生气地骂出来："啊，你这个笨蛋！""你怎么什么事情都做不好！""你又搞砸一切了！""你就是一事无成。"甚至有时候，如果旁边没有人的话，你会直接飙出"三字经"来。

你会担心自己这样不正常吗？别担心，其实几乎每一个人都会这样。研究显示，我们其实一天到晚都在脑海中跟自己说话，在你没有意识到的情况下，一天会有12000到50000个想法和评论闪过我们的脑海。心理学家把这种现象称为"Internal Talk"或是"Self-Talk"，中文翻译为"自我对话"。

你可以把"自我对话"当作你脑中的"自言自语"，自我对话是"正面""负面""中性"三种态度的混合。你可以对自己有正面的评价，例如："这件事情你做得真棒啊！"也可能是负面的评价，例如："你这个白痴！"但心理学家Randy Kamen（兰迪·卡门）经过多年的实验与观察后归纳，其实人们在面对这种自我对话的时候，大多数都是负面且充满焦虑的，而且这些负面的对话还会不断地重复。比如昨天你做错了一件事情，你的大脑直到今天还会继续骂你。

不相信吗？那你今天做一个小练习，等到下次你发现有这种"自我对话"浮现在脑海的时候，检视一下，这个想法到底是负面还是正面的。其实，即使你没有意识到，自我对话对我们的影响也非常大。最早，从我们小时候，就开始进行这种脑海中的自我对话。也就是说，我们"自我对话"的"内容"，受到成长背景与经历的影响。比如说我们的父母、家人、老师、朋友，甚至我们小时候看到的媒体信息，都会对我们的自我对话内容产生影响。

一个不小心，我们就会很容易落入所谓的"负面循环"（Negative Loop），也就是一旦遇到什么不顺心的事情，我们就在脑海中对自己说："你这个白痴！你又做错了！你怎么会这么笨！"这样的自我谴责导致我们在下一次做这件事情的时候心里有了阴影，会束手束脚，害怕出错。而在这样的状态下反而更容易出错，所以当又出错的时候，我们就陷入这样自我谴责的负面循环。

长期下来，这样的负面循环会让我们产生慢性压力，而让我们更容易患上身体上或心理上的疾病。"自我对话"也会影响到我们的自信心以及自尊心，严重的话，甚至还会影响到我们与伴侣的关系，毕竟谁想要每天跟一个自怨自艾的人相处？

有趣的是，我们对自己其实非常残忍，我们骂自己、谴责自己的话，甚至不会对朋友或我们不喜欢的人说，只能在"自我对话"里说。我们是非常严于律己的啊！

不过，这些自我的谴责是真的吗？我们真的这么没有能力吗？我们真的这么笨吗？在自我对话的过程当中，我们其实很少去思考这些想法的正确性。通常就是囫囵吞枣地去接受这些想法，而这些想法进一步让我们更有压力、更抑郁、更无力。

但其实这一切都是有办法改变的，我们的自我对话最终取决于自己的选择，更重要的是选择之后的练习。研究显示，乐观的人会有比较正面的自我对话，并且相信他们自己能够做到很多事情，对自己有信心，同时他们也会有比较健康的身体与心理。

我们要怎么扭转 Negative Loop 呢？在这里我提供三个步骤：

第一个步骤：自我觉察，并把负面对话写下来。

第二个步骤：使用正面对话，用第二人称去鼓励自己。

第三个步骤：不要害怕自言自语，勇敢地说出来。

接下来，我会针对这三个步骤做出说明。

首先是第一步，自我觉察，并把负面对话写下来。通常你可能不会真正注意到这些负面的自我对话，但只要通过练习与留意，你就能够慢慢抓住这些"自我对话"。其中一个帮助你抓住这些"自我对话"的方法，就是把它写下来。而当你把这些东西写下来之后，你就能够比较好地去检视自己，并思考这些想法是不是真的。你会发现，其实很多时候，你的大脑真的对你非常严苛呢！

第二个步骤，使用正面对话，用第二人称去鼓励自己。还记得一开始我提到的朋友的小孩吗？一旦小朋友开始哭着说"哎哟我就是这么笨，我什么都做不好"，如果你是那个爸爸，你要怎么回答他呢？你是不是会说："欸，你一点都不笨，只是现在状况不好，这就是学习的过程嘛！你可以的！你一定可以的，你是我的宝贝呀！"

你对自己的小孩可以这么说，而且你应该是真心诚意地说的，是吧？那为何不能真心诚意地也这么对自己说呢？

而现在，你就要充当这个爸爸的角色，去安抚你内心焦躁的负面声音。在心理学当中，我们把这样的方式叫作自我疼惜。这不是可怜自己（self-pity）哟！二者差异很大。Self-pity 是看到自己的可怜之处，用这个做借口博别人的同情。但 self-compassion

是接受完整的自己，包括优点和弱点。

　　自我疼惜，除了有助于你安抚自己的情绪之外，更能够帮助你看清自己。当你对自己有了理解和接纳之后，才能够发挥你的优点来克服你的弱点，而不是把力气都花在骂自己、打击自己的信心上。

　　还记得每次看球赛的经历吗？上场之前，场上总是会有许多啦啦队为球员欢呼打气，而你自己的大脑其实也正需要这样的啦啦队。他不用拿彩球跳舞或翻滚表演特技，只需要一心一意相信你，支持你。

　　研究显示，如果我们可以进行"正向"的自我对话，那么这些对话就可以让你变得更聪明、更有自信，甚至面对困难的时候，可以更加坚韧。像美国著名的特种部队海豹突击队，就是"坚韧"的最佳代言人。但其实他们的坚韧也有一部分来自他们脑海中的"正面声音"。一项海军的心理研究报告显示，在遇到困难的时候，"正面的自我对话"将有助于士兵们继续勇往直前。甚至在进入海豹突击队前士兵必须经过基础水下爆破训练的测验，如果在过程中被教导使用正面的"自我对话"，像"你行的""你一定没问题""你做得到"，通过测验的比例就会从 1/4 提高到 1/3。

　　第三个步骤是不要害怕自言自语，勇敢地说出来。研究显示，当你把平常的第一人称的鼓励，换为第二人称的鼓励，例如，从"我真的很棒！一定没有问题的！"，换到"你真的很棒！你一定没有问题的！"，效果会比第一人称来得好。没错，当你扭转自己负面的声音，并且用第二人称鼓励自己之后，当你遇到困难，你还可以做的一件事情就是把它说出来！因为当你能够把这个脑袋里的声音化为语言实际说出来，再由你的耳朵听进去的时候，等于再一次加深了所有相关的回路。

实验也显示，老年人在自言自语时，也有助于维持自己的智能。自己的这些对话，或许也需要一个实际的感官刺激，来加深它的体验。也有研究发现，自言自语除了给人鼓励以外，还能够帮助学习，增强记忆，帮助人更专注，让你更容易吸收新的知识。

所以，下次当你面对困难的时候，请记得这三个步骤。自我觉察，用自我疼惜的态度，接纳自己的状态，用善良教练般的口吻，带着鼓励而不是谩骂的语气，来鼓励自己，建立正面的对话。并且，找个机会，对自己实际说出来。想要自己更好，就先要疼惜自己。你，一定可以的。

给自己设障碍，其实是一种保护策略

　　我们每个人在求学的过程中，一定遇到过这样的人。每次考试前，他总是说："完蛋了，我都没读书。""唉！我昨天都在混。"但最后，他总是考得很好。你看，这种人心机多重！他前一晚肯定是熬夜读书去了。但其实，我们回过头想，有没有一个可能，他真的没啥准备，所以说他是天才啰？不，我今天不是要讨论天才，也不是要讨论一个人如何不准备却可以考高分，而是要讨论一个人为什么要宣称他不努力呢？

　　不知道你自己是否曾经有过这样的经历：眼看有一场很重要的考试即将来临，你一开始很努力地准备，应该会表现不错。但考试前一天，你却突然开始做各种其他的事，你觉得书房的空气不够好，你就买了个空气净化器，然后为了腾地方，开始整理书房，乾坤大挪移。你母亲说晚上要煮牛肉面，市场里比较好的牛腱都刚好卖完了，你特地坐车去十几公里外的另一个市场，帮妈妈买她要的材料。晚上，一个朋友失恋了，打电话给你，你陪他出去一整个晚上，聊到天亮。

考试当天，睡眠不足，你昏昏沉沉的，身体还微恙，应该是吃不习惯别家买的牛腱，结果拉肚子，去考试还迟到。这些你都可以说，是你应该做的事。也没错！但也确实都影响了你最后临门一脚的准备时间。这跟一般的拖延症不同，拖延症是拖到最后一刻才开始，但开始了就很有动力。这个状况是之前都表现得很好，也没拖延的问题，到了最后一刻，反而开始给自己找事情。

如果在这个状况下，你表现不好，是因为事情太多了。你的房间必须要整理，不整理不行；你应该要帮妈妈买菜，那是孝顺；你应该要陪朋友，那是朋友该做的事；吃坏肚子，那是难免，不巧的是你刚好碰到。

于是，你会告诉自己：考试考不好，不是因为自己的能力不足，而是有各种不得已的原因。不过，扪心自问，很多人都明白，或许那些干扰我们的事，背后的因素不是凭空而来，而是在你的潜意识里有计划地为自己设下了一些绊脚石。

这在心理学上就叫 self-handicapping（自我妨碍），算是一种很普遍，经常能在生活中见到的状态。Handicapping 这个词，本来是用在运动比赛里，先对比较强的选手扣一些分数，或是预先给比较弱的选手一些优势，为了让双方获胜的机会平均一点。像是在高尔夫球、赛马这些项目都经常会看到 handicap 这个词。

Self-handicapping，就是自己先给自己设障碍，自己先给自己扣分数，让自己一开始就先落后。为什么要这样呢？

第一种解释，是因为害怕失败。像我有个好朋友 Michael，他英文很好，而且是个很棒的老师，一直就在附近的学校教小朋友，薪水稳定，但总是有一点入不敷出。有一天，有一家新创公

司跟 Michael 联络，创办人很欣赏他，希望找他合作来开发英文
教材，这很有可能为他创造另一个事业前景，是很棒的机会。但
是 Michael 考虑了好一阵子，却提出了各种理由。他觉得自己的
学历不够高，自己不适合新创公司文化，他觉得这个市场不需要
另一个像他这样的老师……种种原因，结果，他竟然把这个好机
会介绍给了别人。

　　很多人会这样，机会越好，顾虑越多。以我看来，这不是因
为 Michael 不想要这机会，而是因为他太想要了，但同时，他也
太害怕自己做不好，害怕接下这个机会之后，会让自己失望。于
是，避免失望的最好策略，就是干脆不要开始。这是一种自我妨
碍的心态。

　　我也提出了另一种解释，听起来有点吊诡，但从心理学的角
度来说，是很合理的，那就是人生是一场现实与理想的拉扯，而
当你在自我妨碍时，理想永远会输，因为现实不公平。这是为了
保护理想自我。我们内心都有个理想自我，是我们希望成为的
自己，是最好的自己。这个理想自我应该是存在于一个未来的目
标，促使当下的我们朝着更好的未来发展。

　　但有些人的理想自我反而存在于过去，是小时候收集了各种
奖杯奖状，从小被告知"你最棒了！最聪明！你比别人都厉害！
你真的很有天分"的自己，而且这些人还相信，并把自己的价值
观建立在这个地位上。而这个理想自我，如果没有随着时间跟进
的话，对这种人当下的影响，则是会使他们想要尽全力保护这个
脆弱的理想自我。于是，他们会为自己安排一些看似不可抗拒的
外界因素，这样，一旦失败了，就可以把失败的原因归咎于这些
外在的因素，而不是因为"自己不够好"。虽然残酷的现实赢了，

但理想的自我并没有输啊。这是一种自我保护的策略。

　　心理学家又把"自我妨碍"的行为分为两种模式。第一种叫作"取得的自我妨碍行为"。就像之前的例子，整理房间、帮妈妈去买菜，还一并煮饭、洗碗、倒厨余，忙到没时间读书，或者在一个重要会议的前一天晚上去买醉。这是你主动替自己创造了不利的状况，或是刻意选择一些不可能达到的目标，这些都算是"取得的自我妨碍行为"。

　　另一种模式叫作"宣称的自我妨碍行为"。它跟前一种的差别在于，你并没有实际采取行动创造绊脚石的情境。但你宣称你有某种状况，比如我焦虑，我忧郁，我身体不舒服，我昨晚没睡好……先对身边的人宣称各种理由，给自己欠佳的表现打个预防针。像是那位"心机重"的同学，他可能真的没读书，但也可能并不是真的没读书，而是习惯如此跟同学宣称。这样不管他考好考坏，都已经预先设下了一道防火墙。不管结果如何，他都能得到归因上的利益。

　　以上形容的这些状况，你是否曾经在别人身上观察到呢？很多自我妨碍的行为，可能同事和家人看得出来，反而当事者自己很难察觉。但如果你察觉到自己可能有这种不理性的行为，给自己有意无意地制造各种绊脚石，要怎么帮助自己呢？《哈佛商业评论》提供了几个建议。首先我们需要自觉。我们要知道，什么时候自己似乎压力一大，就会开始找借口、拖时间、让自己分心。我们可以事先察觉，可以找信任的朋友来督促。

　　其次，我们也要懂得如何跟自己的压力相处，知道挑战和困难是进步的过程，偶尔失败也是必然的。当你感受到压力时，停下来面对这个情绪，不要直接躲入你惯性的逃避行为。而且，因为自我妨碍往往是一个面子的问题，你要想办法跟自己说："这个挑战，会让我的能力进步。"而不只是想："这个挑战，会让别人觉得我很厉害。"换个方向想，你可能会发现自己的动力来源一旦改变了，许多自我妨碍行为和借口也会伴随着降低。

最后一点，其实你的自我妨碍行为也可以是一个很好的提醒。如果你一开始就已经会为自己找各种担心的理由的话，那不妨把这些全部都写下来！把这些理由当作一个个要解决的问题，而不只是不行动的借口。例如我朋友 Michael 觉得，像他这样的英文老师不够特别，我就会问他："那你觉得要怎么样，才能让自己有独特性呢？"把你的顾虑当成一个可以被解决的 business problem（商业问题），你第一时间反应的借口，反而能成为很好的提醒。

有人说："一个人的悲剧不在于他输了，而是他差一点就赢了。"对"自我妨碍"的人而言，这可能是一个重复上演的人生剧本。如果你过去常因为这样而功亏一篑的话，希望今天的提醒可以成为你改变的开始。提升自觉，诚实面对自己，寻找克服的方式，转变思考，你会发现，这些原本挡在路上的绊脚石，也可以凿成向上爬的台阶！

为什么我们会做与理智相反的事？

有一种在生活中很容易发生的不理智状况，相信只要有过减重经验的朋友，会对接下来的故事感同身受。

是这样的，过完年之后，我朋友小月发现自己的体重增加了不少，下定决心要减肥。她开始注意每一餐的热量，天天到健身房报到。一开始，这个减重计划进行得很顺利，小月感觉很棒，看来这也没什么难的嘛！

但忽然有那么一天，小月自己一个人在家，外面下着雨，难得今天没什么事做，她就想：来追个剧吧！好久没看了。这时候打开视频，看着看着，她突然很想吃巧克力。巧克力，热量还可以吧！吃可可含量高一点的说不定还能减肥呢！但灾难就从那颗巧克力开始！

因为当小月再回神的时候，一整包竟然都被她吃完了！怎么会这样呢？在那强烈的罪恶感之下，她竟然做了与理智完全相反的事：她放纵自己，追剧一个下午，叫了两次外卖，还怒吃了一整桶冰激凌！

天哪！好好的节食计划，毁在一场恐怖的暴饮暴食中！这究竟是怎么一回事呢？

用行为心理学来解释，这个现象叫"消弱突现"（extinction burst）。消弱突现经常出现在你我的生活中。不只是减重、戒烟，当你想要改善某些坏习惯的时候，往往会功亏一篑，不是因为没有付出努力，或努力不够，而是因为你的大脑正在奋力一搏，跟自己在作对。

首先我们要知道，一个习惯行为是怎么养成的。当你做某一件事情而受到奖励，你就会继续这个行为。例如，小孩子跟妈妈去商店，小孩子不耐烦，开始哭闹，妈妈就给他买糖果。这对小孩子来说就是奖励。下一次再去商店，小孩子又哭闹，妈妈又给他买糖果，这样过了几次之后，小孩子每一次到商店就都会哭闹，因为他的哭闹行为跟糖果这个奖励已经绑在一起了。

这时候，照理来说，只要把奖励拿走，行为就会消失了，以后不再给糖果，那孩子也就会知道哭闹没用了，是吧？答案是：是的，但你一定得坚持下去，而且要知道，在行为消失之前，会先变得更严重。

行为心理学者发现动物和人类都有这个现象，也就是"消弱突现"，在行为消弱之前，会突然再次出现而且会变本加厉。让我们想象一个状况，相信你一定碰到过计算机当机吧？当你突然发现计算机没有反应的时候，你会怎么样？按一按键盘，点一点鼠标，再按一按键盘，点一点鼠标，然后开始乱按乱点，狠狠敲打计算机，但计算机还是没有反应，这时候你才终于死心，是吧？这就是"消弱突现"。

当然，计算机不会妥协。不管你今天怎么拍打它，当机了就是当机了，你多按几次不会有什么帮助，搞不好还更糟。但人是会妥协，是会心软的。

妈妈不想要孩子无理取闹，决定以后他再哭，就不给他糖果吃了，结果会怎么样？短时间内，孩子会闹得更凶，这时候，如果母亲受不了，心软了，觉得太丢脸了，"好啦好啦好啦，给你糖，给我闭嘴！"那就不妙了！因为当她下一次还想要改变孩子的行为，消弱突现就会更严重，变本加厉的时间也会拉得更长。

请记住这个很重要的观念，无论下次你想要改变别人的行为，还是自己的行为，一定要有心理准备：在行为消失之前，会先变得更糟。让我们回到小月的故事。节食为什么那么难？因为奖励和惩罚都操控在自己手里，你当然很容易跟自己妥协。

况且，吃东西本身未必是奖励，而是为了得到奖励的行为。真正的奖励可能是饱足感，那种吃了好多东西之后，幸福的感觉。平常，小月可能还耐得住，但偏偏在那个阴雨绵绵，自己一个人在家，想要追剧的时候，或许觉得有点空虚、有点寂寞，这时候看个网络剧，配上巧克力，是安慰自己的最好方式。

或许从以前就早已建立了这个习惯，这时候要改变行为，看网络剧配沙拉？拜托！大脑一定会反抗的。消弱突现，反而让小月更想要大吃特吃。这时候，她该怎么办呢？当你意识到情况不妙，欲望特别强的时候，就要赶紧启动"替代方案"。

这个替代方案一定要先想好，甚至安排好，例如找一个最好的朋友，跟他说："你可能会接到我的电话求救。这时候麻烦你一定要陪我聊天，跟我说很多很多鼓励的话，让我分心，最好还可以赶快来我家，把我拉出去散步！"

不只是减肥，像戒烟、戒毒、戒赌都一样，人的潜意识都会在改变自己的过程中，在我们离成功只有一步之遥时，来个背水一战。你得预先准备一个紧急时刻，你的大脑开始绝地反攻时的应急方案，当你快要反弹时，拿出来挡住它。让自己分心，让自己改变环境，最好有个亲人或好友能帮助你，在消弱突现，自己最无助的时刻，伸出援手拉你一把。你要知道，不是自己的意志力太弱，而是消弱突现的力量太强。但如果能理性地知道它产生的原因，事先想好一个替代方案，那么改掉坏习惯，将不再是不可能的任务。

一事无成的你，是如何炼成的？

还记得我的朋友小月吗？对，就是还在减肥计划中的那位。

有了上次消弱突现的失败经验之后，小月找了她的好朋友帮忙。朋友也很热心，经常邀请小月出去跟她一起运动。但是，小月总是有托词："运动？算了吧！我完全没有运动细胞啦！"但这朋友也很够朋友，非常坚持，最后半拐半骗，把小月拉到健身房去上有氧街舞课。

哇，健身房可热闹了！走进去，教室里一排俊男美女，每个都像是舞曲 MV 里走出来的。老师跳进教室，精神抖擞地说："同学们！今天我们把节奏拉快，保证你会 high（兴奋）！You ready？（准备好了吗？）4——3——2——1！"音乐一放，全班立刻开始快速律动，所有的人都忙着手舞足蹈——所有人，除了小月。

只见她站在那里，眼睛张得大大的，像是一只夜里突然看到车灯的小鹿。第一首曲子还没放完，她竟然转身就冲出了教室！朋友跟着跑出来。"怎么了？"小月哭着说："我就跟你说我没有运动细胞嘛！"

怎么啦？为什么小月会这样？

这是因为她受"习得无助感"所困。Learned helplessness（习得无助感），是因为经验学习而来的无助感，是一种被动消极的心态。

有一系列很残酷的实验证明了这个现象。实验者把小狗关进一个通电的笼子里，并设置一个蜂鸣器。只要蜂鸣器一响，狗狗就会被电击一次。可怜的狗在笼子里无法逃脱，最后只能在笼子里哀叫。而当它们如此放弃之后，即使实验者把笼门打开，当蜂鸣器响起时，就算不给予狗狗电击——虽然它们那时候只要一跳，就可以跳出笼子了——狗狗仍然趴在那里哀嚎，完全没有行动。

为什么连简单的脱逃本能都做不到了呢？因为前几次实验中，狗狗已经认为无效，它已经习得了无助感。这项研究在20世纪60年代进行，以现代科学研究的道德规范来说，已经是不再被允许的。我们后人则是要从中好好学到教训，才不会辜负这些可怜的狗狗为科学所受的苦。

反观我们自己的日常生活，当自己的行为无法得到想要的结果，或身处的环境总是让自己觉得无能为力时，就会渐渐地丧失信心，以为自己能力不足，或行动也无济于事。有时候，这可能是因为以前的创伤；或许你长期处在一个充满负面打压的环境，听取朋友或家人的贬低或讥笑，让你觉得自己一定做不好某件事。日子久了，你就会开始觉得，自己一定做不到，习惯性地逃避这件事。

就好像某些孩子小时候功课不好，被师长谩骂，说"你怎么那么笨？"。师长或许觉得这是激将法，能激起孩子的斗志，但有多少孩子就是因为这样，相信自己真的就是笨蛋，是傻瓜，而注定了一辈子与学业无缘呢？

像小月，朋友陪她离开了健身房，两人在咖啡店聊了很久，小月才说，她小时候在学校上体育课，老师看她长得比较高大，但手脚不那么灵敏，就常笑她："长这么大块头，怎么那么没运动细胞，原本还以为你可以帮我们打校队呢！"

小月说她以前其实还蛮喜欢篮球的，投篮也蛮准，但她仍然觉得自己没有运动细胞，后来就习惯性地逃避任何一种运动，自认为是个手脚不协调的人。

你的生活中是否也有"习得无助感"呢？

有多少对于生活的"现实"，是你无条件接受或忍受的，因为你已经觉得"事情就是这样"了呢？即使笼子的门已经很久都是打开的，甚至当年把你放在笼子里的人早已经不在了？

要打败习得无助感这个大魔王，首先，我们得先尽可能地对自己说："我是有能力做到的，只要我再努力一点，并且坚持下去。"

但是，自信心不会无端出现，我们必须让自己的能力慢慢提升，逐步克服挫折感，让大脑相信，我们的行为可以获得成功的结果。这时候，不妨为自己定下阶段性的目标，并且适时给予自己一点奖励。

如果你无法一口气游泳 50 米，那么不妨先以每次进步 5 米，甚至 3 米为目标。当你能够进步到可以游出 25 米，你就可以跟自己说："做得很好，有进步！"

然后，给自己一点点奖励，比如看一场一直很想看的电影。长久下来，你的大脑就会把努力与奖励绑在一起。当你能够进步 5 米，那么再进步 5 米，或许就不再那么困难，因为你曾经做到过！这样一来，泳渡 50 米的大河，还会是不可能的事吗？

但是，如果你进步了 5 米之后，便以为自己一定可以再进步 5

米，结果却因此疏于练习，或是觉得既然都可以进步 5 米，那么下次你要直接到 25 米！但是如果没能达到预期，反而会加深挫折感，让你觉得："看吧，我就说我做不到。"所以，我们必须要有心理准备，定阶段性目标时不能好高骛远，而且必须一直坚持下去。

提升能力，就会提升自信。就算结果不尽如人意，但进步却是有目共睹的，我们仍然可以鼓励自己："我是有能力做到的，只是需要再努力一下，一次比一次更好。"

如果你自己或身边的朋友困扰于习得无助感，不妨尝试以阶段性目标的方式，以鼓励代替否定，并且循序渐进。假以时日，你一定会看见能力和自信心都有所提升。

就像小月，她真的没有运动细胞吗？事实也并非如此，她只是需要一步一步来。

有一天，她的好朋友出现在她家门口。"我带了一个礼物！"原来她在网上购买了一节"教你如何跳街舞"的视频课程，她跟小月两人打开电视，在客厅清出一块地方，然后从第一步：dip and slide，side to side，one more time（一次又一次，从一边到另一边）！每一个动作练 20 遍！朋友跟小月说："看你好手好脚的，我就不信你学不来！"

无论是跳街舞，还是打篮球，无论是工作，还是社交，人生中有许多看似困难的问题，并不一定是你能力不足，而是太早学习了无助。

不要急，不要气！放慢脚步，深呼吸，找个好朋友，相互鼓励，你会更好的！

愿意面对自己的无知，才能扩大眼界

生物学家达尔文曾说："无知比知识往往更容易产生自信之心。"当你没有足够的知识评估情势时，会很容易高估自身的能力。

我读高中时，学校的篮球队队长在赛场上总是表现亮眼，被同学们封为乔丹的接班人，直到上了大学，自信满满的他去参加校队练习，才惊觉自己的篮球技术顶多只能算是一般般。这让他备受挫折。

不过，起码这位同学有机会发现自己的不足，也不得不面对自己离专业水平还差了一大截。但有许多时候，人们在自我感觉良好之下，是看不到或不愿意看清自己的。这种现象有个专有名称，叫 Dunning-Kruger effect，以研究这个现象的两位学者 David Dunning（戴维·邓宁）与 Justin Kruger（贾斯廷·克鲁格）的名字命名。在中文里，我们将它简称为"达克效应"。

达克效应显示，人们往往会高估自己的能力，认为自己的能力是高于平均水平的。

例如心理学家让两个公司的工程师评估自己的能力。分别有32% 和 42% 的工程师认为自己的能力在公司的前 5%。而 88% 的汽车驾驶员认为自己的开车技术都在平均以上。显然，他们不可能都是对的。

更有趣的情况是，研究发现，能力越低的人，越容易对自己产生过高的评价。虽然最差的人不会愚昧到觉得自己是最棒的，但他们也绝对不会觉得自己是最差的。

那些给自己打 50 分的人，很可能只有 15 分的能力，反倒是实际有 95 分能力的人，会觉得自己只有 85 分。这是达克效应的另一个吊诡的特点：真正能力高的人，反而会低估自己的能力。也许你会觉得这些人是在"故作谦虚"，但往往人见识越多，就越知道自己的不足，也就越会对万事万物抱持着谦卑敬畏的心。莎士比亚就有这么一句话："愚蠢的人总认为自己很聪明，而智者却知道自己的无知。"

像有些邻居大妈会跟你说："我看人很准，你不要跟谁谁谁交往。"或是有一些能力平庸的人一天到晚跟你说他有多厉害。但是，达克效应不只是你自信心爆棚这么简单。它牵涉遇上问题的时候，你是选择运用自己的能力和直觉面对它，还是要听取别人的意见。如果我们对自己的认知错误，那我们很可能会错失真正应该要寻求的建议和协助。所以，我们更应该要认识自己内心可能有的达克现象。

这个自我感觉良好的偏见源自什么样的心态呢？第一种原因，是好强心。我们在自我评价的时候，自然会有一种想要表现得比别人更好，或起码是"中上水平"的好强心。这很正常，不过有一些人的好强心和竞争心特别强烈。这类人在生活上最关注自己是不是随时赢过别人、比别人好。他们的好强心使他们评估自己的能力时，会自动多加几分，不仅仅是为了对外吹牛，也是为了保护自己的自尊心。

第二个原因，在于"自我觉察"与"环境觉察"的能力不足。而这样的自我觉察和环境觉察，源自一个人的能力。举例来说，一个初学者会在学习的时候碰到问题，却不知道自己做错了什么，或是如何修正，甚至根本不知道那是个问题。在学习的过程当中，因为你对这个知识一窍不通，只懂一点点而已，所以你就算犯错了，也不知道自己犯了错。

另外一个问题是，你不知道别人厉害在哪里，于是当个门外汉，觉得好像很容易做到，殊不知别人看起来举重若轻的动作，其实背后隐藏着一次又一次的练习。反过来说，当你的水平越是接近一个高手时，你越会认识到这个高手的水平有多高。

Dunning 和 Kruger 也发现，如果一个原本能力差、却自我感觉良好的人，经过一段严密的训练，大幅提高自己的能力之后，最终就能够认知到自己先前的能力不足。所以，在我们学习的过程当中，达克效应其实一直影响着我们。在你一开始学一项东西一段时间之后，你的自信心会迅速攀升，但当你开始学到更多，与更多不同的人比较的时候，你的自信心却会开始下降。因为你知道自己过去表现得多差，所以现在会更谦卑，搞不好还会低估自己的能力。但当你开始慢慢精通一项技能，你对自我的认知比较了解之后，对自我的评估相对来说就会比较准确。只是这时候你可能还会犯下另外一个错误，就是认为你可以轻易做到的事情，别人好像应该也可以。

这也是为什么所谓的"天才选手"往往很难当一个好教练。那么，我们要怎么样才能够对抗这个"达克效应"呢？首先，你要找一个你所信赖的人，或是这个领域的教师，给你"真实的回馈"，而且最好是定期向他请教。可以的话，尽量要求这些回馈更具体，比如说不是"我觉得不够好"，而是"我觉得你打球的时候，挥拍的姿势不够正确，动作太大了"。越具体，对你来说越有帮助。接下来，很困难的是，你必须要强迫自己把这些回馈听进去，即使这些回馈往往很刺耳。你要告诉自己，唯有准确地知道自己的状态，你才有进步的方向。

第二点，也是最重要的，你需要持续地学习。多接触这个领域的专业知识和理论，多和这个领域突出的人互动，你必须要持续提问，持续思考自己有哪里不足。当你越了解、越精通一件事情，你就能够越准确地评估自己的能力。

请牢记哲学家苏格拉底的名言："我所知道的，就是我不知道。"只有你愿意面对自己的无知，才能扩大学习的眼界，虚心接受别人的指教，并时时提醒自己，认真进步，这在学习的过程中比排名更重要。

如何与自己的完美主义共存?

因为我从事心理学和个人发展的教育工作，所以常常有机会能听到许多朋友的未来愿景。

我听过许多人跟我形容，希望未来能够遇见最完美的另一半，他们能够形容未来最完美的生活、居住环境、工作状态。

但是，我也观察到，常常这些希望未来很"完美"的朋友，可能也正是朋友圈里少数几个还没结婚的人，或是经常换工作、换交往对象，有了许多漂亮的计划，却迟迟未见到实际进展的人。

他们不是缺梦想、缺方向。他们很会做计划，也很有动力。谈到"意志力"和"抗压性"，在某些特定项目上，他们比谁都强。但他们有一个共同的致命伤，就是"完美主义"。

完美主义（Perfectionism）虽然在心理学上算是人格特质而不是病，但却是一种很容易导致心理疾病的人格特质。

那是因为追求完美的人给自己和身边的人太多压力，以致时常在一个负面的心理状态，于是陷入抑郁、焦虑或强迫症的风险也比较高。

在心理学上，完美主义算是一个"多维特征"，其中包括对于自己、对于他人的完美要求，来自父母亲、来自社会的完美要求等维度。可以说，每个人的"完美个性"都长得不太一样。

这就麻烦了，因为是那么主观，所以很难去描述这个标准究竟要怎么达成。这时候，不是累死自己，就是累死别人。

理论上来说，完美主义也是有优点的。如果一个人对凡事都求好心切、追求卓越、超越自我，那就是优。但如果他总是时间超支、睡眠不足、黑眼圈很重、脾气暴躁，永不满足，那就是劣！

问题就是，完美主义者都是因为希望自己是前者，所以才会变成后者啊！他们也都会说："我当然不希望自己那么焦虑，问题是事情就是做不好啊，怎么办?!"

你觉得你有可能会是个完美主义者吗？还是只是事情太多了，身边都是猪队友？

以下有几个简单的问题，可以检视一下自己：

1. 你是否会经常自己跳出来做事情，因为别人做不好？

2. 你是否对自己有相当高的标准，没有达到自己的标准时，会觉得很沮丧？

3. 你是否脑袋里经常有"事情应该这样那样，但却又不是这样那样"，理想与现实差距很大的念头，搞得你很烦？

4. 你是否在做一件事的过程中，碰到了一个不满意的状态，就想要把整件事推倒重来？

5. 你是否非常在意别人对你的评价，尤其是对你的能力的评价？

6. 你在日常是否会经常回想到过去发生的一些过失或错误的经历？

7. 你是否会常常无法准时完成一件事，或一直拖着不开始行动，因为"感觉上还差了那么一点"？

如果你 7 题里有一半以上都中的话，那你很可能就是有完美主义的倾向，也很可能已经在自己的生活中感受到了完美主义的负面影响。

是的，其实完美主义真的是一副金手铐。能够有上进的心是一件非常好的事情，也是老板会非常欣赏的员工特质。问题是这个上进的心让我们过度追求小细节的完美，而放弃了大局，或是因为过度要求别人或自己，而把事情搞得很僵，或者把什么事都揽在自己这里处理，造成工作大塞车，或是迟迟拖延不动手行动。

过去在大学的我，就曾经有这个毛病。当我知道要写一份报告的时候，马上就会去想它可以是什么样子。问题是我想得太大太好，大到一直都在准备中，却没有行动。于是，就这样拖到最后一刻，不得已必须动手执行时，结果往往就是眼高手低，虎头蛇尾。

这不就可惜了吗？最可惜的是，在工作上完美主义者可能是能力和本质最优的，但也是拖延症最严重、工作效率最低的一群人。

那么，我们该怎么办呢？

说实在的，完美主义的个性特质很难改变。因为这种特质无论是天生还是小时候的教育影响，都已经相当根深蒂固地在我们的价值观之中。要我们追求"不完美""不要管那么多"，这感觉会非常不对劲，完美主义者会时时刻刻觉得没有发挥自己的潜力。

我的建议是，首先，承认自己有完美主义的倾向，也很虚心、客观地接受"完美主义已经造成了生活问题"的这个事实。接受自己的核心特质，然后目标就是保留完美主义的好，去除它的不好。

以下有 3 个建议。

1. 你要坚信"二八法则"会是你的救星。

"二八法则"告诉我们，80% 的效果，来自 20% 的付出。反之，剩余的 20% 效果则需要花你 80% 的力气。牢记这个法则，因为它真的处处能得到验证！

想想，如果你手上有 5 个案子，你要花 100% 的力气把一个案子做到 100%，还是把力气分摊到每个案子，把每个做到 70%～80% ？

考虑到全局，哪个的效果比较好？

下次你已经把一件事情做到"及格"，准备开始花大力气去追求"完美"之前，先回头想想这个法则，就会更容易接受 good enough（够好）的感觉了。

2. 在开始之前，先定义出"必须达成"的目标是什么，以及

"加分题"是什么。

完美主义者往往会看到什么就修理什么。如果你要达到二八法则的效果，你就必须一开始先定义出"哪些目标达到了，等于这件事已经及格了"。

先把那些"必须做到"的目标列出来，先达成这些条件，然后行有余力，再去微调细修。不然你可能会发现有些地方做得很好，但有些基本工作反而没做，结果整个案子不及格。

先把基础做了，先要知道基础是什么，然后就开始行动吧。

3. 你要主动寻求别人给你意见和回馈。

这一点，对内容创作者来说往往是很困难的一步。因为完美主义者对自己的作品总是不满意，所以会很怕听到别人的回馈。不过其实回馈正是我们需要的！有了回馈，我们才能够更快看到不同的观点，找出自己的盲点，也可以让我们快速进步。如果你经常礼貌地说"请多多指教"，却很难忍受别人的指教，那可以先请对方给你"好消息"，例如："你觉得我做得最好的地方在哪里？"大家都喜欢被夸赞，所以先听肯定的回馈，能先给你打一剂强心针。然后再问："你觉得哪里可以更好？"

也不要急着为自己辩护、做各种解释，就先听，记笔记，当下先谢谢对方，然后自己沉淀消化一下，再做回应。你可能会发现，其实别人说的话有许多道理，但你一定要冷静下来之后，这些道理才会看得比较清楚。时常这么做，你也就会越来越不怕别人的指点了。

据说在 Facebook 总部的墙上，有这么一句口号：Done is

better than perfect（完成，比完美更好）。

这句话来自 Facebook 的运营总监 Sheryl Sandberg（雪莉·桑德伯格），一位承认自己有很严重的完美主义倾向的女企业家。她甚至在自己的书上写过"完美就是你的敌人"。

我们要记住，我们自己不是敌人，老板不是敌人，同事不是敌人，这个过度抽象又时时刻刻扯我们后腿的"完美"，才是我们的敌人！

现在，你有一个选择。你可以跟以前一样，活在完美但不存在的理想当中，或者你也可以动起来，先找出关键目标，分配好自己的时间和精神资源，然后开始做。接受有时候自己会情绪低落，有时候会相当困扰，有时候觉得永远都做不好，但别忘了寻求意见、寻求协助，分配事项，让自己从表现完美的压力中解套，在完成阶段性任务中逐渐进步。

当你有了成果，有了回馈，说不定自己虽然不满意，但外面一片叫好，或成绩超乎你原本的期待。别忘了跟自己内心那别扭的完美自我说："这样也不错啊，不是吗？放轻松吧！就是因为还有进步空间，所以下一次还会更好！"

身外之物，为何难断舍离？

你在生活当中，一定也经历过这样的困扰。过年放假回家的时候，总是会帮家里一起大扫除，清着清着，才发现原来家里面有这么多东西：你初中买的邮票、高中最喜欢的一件球衣、大学搜集过的卡片书签。而且不只你自己，你的妈妈，你的爸爸，每一个人都有一堆又一堆的东西。往往整理到最后，这个舍不得，那个很重要，这个有纪念价值，那个当年买得特别贵。但你知道，这不仅仅是因为节俭而已。

"断舍离"的概念最早来自佛家，但现在也成为一种"用减法过生活"的概念。即是"断绝不需要的东西；舍去多余的事物；脱离对物品的执着"。但能够达到"断舍离"的境界，确实需要修炼。为什么我们那么难断、难舍，又难离呢？

我用心理学的两个理论来说明这个现象。

第一个理论是"Endowment Effect"，中文叫作"禀赋效应"。

今天你买了一件 300 块的衣服，对你来说，那件衣服的价值就是 300 块了是吧？

不是，因为你拥有了它，它在你内心的价值就超过了300块。所以如果别人要跟你买的话，你可能会觉得"500块我才肯卖"。但如果倒过来问：你愿意花多少钱买这件衣服呢？你还是觉得，这件衣服只值300块。禀赋效应就是这样，你愿意为一个物品付的价钱，跟你愿意与它割舍的价钱，总是有一个价差。

你可能想：因为我花了时间买这件衣服，时间也是成本啊！这也很合理。

但禀赋效应奇妙的是：对于别人送的东西，我们也会有同样的感觉。行为心理学家做过一个实验：他们赠送实验对象一个很普通的马克杯，就是喝咖啡会用到的那种。然后问他们："现在别人要跟你买这个马克杯的话，他们出多少钱，你会愿意割爱？"他们的回答是平均5美元左右。科学家就找了另外一组人，把一样的马克杯交到他手上，但是跟他们说："这个马克杯不是你的，如果你今天要买这个马克杯的话，你会愿意付多少钱？"他们平均给它的定价就只有3美元。研究显示：即便是没有付出任何代价，光是觉得一个东西是我们的，我们就会开始高估它的价值。

心理层面上为什么会产生这样的"禀赋效应"呢？其中一个原因，就是我们不喜欢"失去"的感觉。这个概念叫作"Loss Aversion"，中文叫作"损失规避"，也就是我今天要解释的第二个理论。在获利与损失相同的规模之下，我们会觉得损失更难以承受。损失的痛感，永远大于获得的快感，而且根据统计，这个效果差别高达2到2.5倍。换句话说，损失100块钱的痛，大于赚100块钱的爽。如果你今天不小心在街上丢了100块钱，你一定觉得不开心，而这样不开心的情绪，需要靠至少再获得 200 块钱或 250 块钱才能打平！

当我们在评估一件事的时候，也容易高估损失的痛，大过于获得的好。销售人员就很懂这种心理。比如说，他要卖你一台空气净化器，除了跟你说这个机器会让你的家里空气有多好，他更会强调，如果你用劣质的机器，或没有使用空气净化器的话，那对你家人的健康，可能会有什么样的伤害。只要有一台好机器，就不会有这些问题。机器功能这么好，价钱又这么公道，这就比较有说服力。

禀赋效应与损失规避这两个概念，不只是影响我们丢东西而已，也会影响到我们的投资行为，间接影响到整个社会。许多投资人往往有不愿意认赔的倾向，他们期待有一天能够咸鱼翻身，只要不认赔杀出，就不算是"真的"有损失，于是往往会错失止损的关键点。所以有人说"金钱游戏不能带情感来玩"，什么时候该断、该舍，怎么痛也得立刻行动。

我们会高估自己所拥有的，也会特别害怕失去自己所拥有的，endowment effect 和 loss aversion。现在你对这两个概念应该比较认识了，那么，在知道这样的现象之后，又要如何帮助自己断舍离呢？让我给你几个建议。

1. 给自己设立一个时间止损点，在这个时间点以内，一定要做出断舍离的决定。

比如说，有一次我就规定自己一定要在半小时内收好书架的台面，同时我在手机上设定倒计时。我发现光是这么做，有个隐形的时间压力在，自己也比较容易做决定。

2. 如果是充满回忆的东西，告诉自己，那些刻骨铭心的回忆都已经在你心中了。你所在意的，不是这个东西，而是背后的回忆。所以你可以在断舍离的时候，对这个感情做一个内心的交代。日本整理达人近藤麻理惠有个建议：跟着你多年的物品是有感情的。所以当你要丢掉或捐掉它们时，你可以跟它们道谢，感谢它们的陪伴。

3. 你可以问自己，如果这不是我的，那我现在愿意出多少钱买它呢？你可能会发现，当年那么喜欢的东西，现在如果有人送你，你都不一定还会要，那你又何必舍不得淘汰它呢？

我这里有个亲身经历：有人曾经送过我一个运动手环，我觉得很酷，但只用过一次，平常就摆在桌上。每次看到它，我都会觉得浪费，好像我没有充分使用到它的价值，真是很可惜。但后来我就想：如果看到它就会内疚，那何必又让它制造烦恼呢？于是我就把这个运动手环送给了另一个朋友，他非常喜欢，不但天天使用，还因此开始运动，后来还戴着它跑完了马拉松。那天他在终点照了一张手环的照片传给我，看到那张照片的时候，我就觉得：啊！这送得太值得了！

是的，身外之物囤积在家里，不如造福别人。如果它占了你生活的空间，也就占了你心里的空间。旧的不去，新的不来。学会聪明地断舍离，我们才能够迎接更加轻盈、更加美好的自己。

克服惰性

　　我还记得早在几年前，我很喜欢的《大西洋月刊》（*The Atlantic Monthly*）聊过一个大家都常常碰到的话题，为什么你会不想去健身房？尤其是我们交了钱，却还一堆理由想要逃避去使用它。这是不是一个很奇怪的现象呢？我们花了大钱买了健身房的课程，内心却急于去逃避这一切。

　　文中引用了一篇标题为《花钱不去健身房》的研究报告，内容是这样说的：当健身房让我们选择是要付"单次 10 元"或是"月费 70 元"时，多数的人都选择了 70 元月费的方案，但最后每个月却只去了 4 次。也就是说，他们想着一个星期两次，这有什么难的？最后却完全做不到。

　　你发现你已经付了 70 元，不是应该把它"赚回来"吗？不，事实上，光去想应不应该赚回这 70 元，去几次健身房才能够赚回来这件事情，就很累人的。

　　最后我们就会进入一种"决策疲乏"。当心力脑力疲乏时，我们就会转换成休息模式，而"逃避"任何人、事、物是最直接最快的方式。对大多数人来说，"想"这件事情常常太累了，最简单的选择就是"不要去想"。行为经济学者发现了一个现象，叫作 Hyperbolic discounting（双曲贴现），也有人称为"限时谬误"。

Hyperbolic Discounting 的意思是人们往往比较专注于现在的快乐，而对于未来可能产生的好处，却打了夸张的折扣。所以当你上班已经累了一天，当然宁可回家休息，而不是移动你的懒屁股，到健身房去报到，你脑袋里甚至想着去健身房不是要花我宝贵的两小时？那我宁愿用眼前珍贵的两小时在家休息，跟朋友约吃饭，即便是我们自己已经交了钱，跟自己约定好要去健身房。

这应该是我们生活中常常出现的非理性状态。最常发生的状况就是在看电影的时刻了，我总是内心想着进电影院当然就是要看一些大片，看一些大制作又有意义的电影了。那些有深度的电影，不仅会让自己回味无穷，又会觉得好像花时间学了一些东西。但每次在舟车劳顿，终于到了影城后，在商场里逛了逛，最后要去买票看电影的时候，看着电影介绍的屏幕，自己却不由自主地注意到了最近上映的无脑动作片。这时候脑海马上冒出来一种想法："今天好累，好像没心情看那么需要动脑的电影，干脆就轻松一下吧！看点不需要想的电影吧！"所以我最后都是在真正要花钱看电影时选了无脑的动作片，或许看完后会跟自己说："干吗！为什么要花钱看这种电影，浪费自己的生命！"

但选的时候太累，还是会选这种不用动脑的片子，反而那些富有意义的大片总是在家里坐在沙发上时无意之间转台看到，还忍受着广告插播，才断断续续看完。

有趣的是在看电影时，双曲贴现的现象也真的有人研究过。

研究者发现，在选择自己未来要看的电影时，人们会选择《罗生门》《蓝白红三部曲》《辛德勒的名单》这样严肃的电影巨作。但只要状况稍为不好，好莱坞动作片跟喜剧就立刻获胜了。我们搞不好都还有一些电影史上不能不看的文艺大片在自己家里，当初购买的时候觉得会看，但到现在还没找到那个"对"的感觉。

为什么会发生双曲贴现呢？直接的解释是，我们追求对自己有最佳利益的事情，其实都需要我们对自己有良好的控制，但我们都知道"自我控制"这事是需要体力与心力的。当我们累了一天，或是被某些人消耗了许多能量，最后轮到我们去决定是否要付出时间做这些"长时间累积才会有收获"的事情时，我们就会选择能让自己当下最省力的方案。

所以这种不理性状态，其实只是反映了我们心智资源的极限。但也没办法，因为我们总要上了班才能去健身房，或是看场电影。但如果是要做人生重要的决定，或是好好安排一场学习时，或许你就需要考虑一下要不要休个假，恢复心力与体力后再去做了。

另外一个可能的原因，或许来自我们的深层信念。或许，在我们的内心深处，我们就是爱好及时行乐的人。所以，到了决定点，我们真实的核心价值就体现出来了。如果我们彻底接受自己是一只及时行乐猴，那或许我们也不会那么在乎到底要不要长时间投资自己来自律自治了，是吧？当然，也可以这么看，这样你或许会比较快乐，但你可能到最后把自己搞得一塌糊涂。

事实上，人生本来就有许多的妥协与拉扯，希望未来更好，与希望现在更爽的自己也永远在打斗。我相信我们都希望自己不断进步，能够克服自己的惰性，是不是？不然你现在也不会在读这本书。所以我们就来谈谈，要如何透过一些小技巧协助自己克服 Hyperbolic discounting 的魔咒，让自己的生活决策不再那么让我们事后后悔。

这里有几个方案，提供给大家参考。

第一方案，强化自己的未来自我。未来都是充满想象的，你要时常提醒自己，多想想自己在未来想要获得什么，从这种期待感，获取能量与动机。但我们要想的不是"过于理想"的未来，而是"符合现实"的未来，所以欢迎做白日梦，但更好的就是去想象你自己完成一些具体的计划。

第二方案，替自己要做的事情许下承诺。当你要决策时，你必须为自己的承诺负责任，这时候就能避免你为了诱惑而选择非自己长期想要的决定。你也可以把那个承诺预先写下来，贴在一个平常可以看到的地方，提醒你"莫忘初衷"啊！

第三方案，把长远的大目标，分成阶段性的小目标逐一完成。当我们发现长时间地投资自己可以获得大收获时，我们有时候反而会却步，因为目标太大了！

这时候，我们要从成长的历程来想想，达到大目标之前，我们要完成多少个小目标呢？例如我们每天去健身房，是不是要先选比较简单的课程，不要一开始就挑战魔鬼训练营？或是我们在安排去的时间，可以先从半小时开始，习惯了之后，再待久一点。

把事情变简单一点，用最小的心力与体力去完成，但完成这些也让我们可以逐步迈向大目标。这样，我们不至于把目标设得太遥远，每次完成，也能给自己一点犒赏。

无论如何，你必须先承认自己的双曲贴现确实存在，知道这是自然的不理性现象，然后再做个理性的选择。如果你希望自己未来好，想要成长，那就慢慢一步一步来克服自己当下的非理性吧！

粗心大意的解决方法

不知道你有没有过一个经历：为了要找一样东西，快步走进房间，但灯一开后，你却完全忘记要找什么了？

你想，这大概是因为自己记性变差了，对吧？还是因为粗心大意？

不一定，先让我来分享一个自己的故事吧！

在某年的夏天，我一个人在家，正准备出门搭高铁去外地演讲，这时老婆打电话来说：

"老公，我忘了带家里的钥匙，所以你等会儿出门，家里没有人，一定要把钥匙留给楼下的管理员！不然我跟孩子们晚一点回去，就进不了家了哟！"

"OK，没问题！"我回答。挂上电话，我就先把钥匙放进裤子口袋，以便到楼下马上交给管理员。接着，我打电话叫出租车、收拾计算机、洗脸刷牙、穿鞋锁门、搭电梯下楼，心里一直还念着："别忘了钥匙！"

走出电梯，迎面扑来一阵热风。我心想，哇，今天至少35

摄氏度吧！快步穿过小区中庭，透过大厅的玻璃门，这时我看到出租车已经到了。于是我加快脚步，跟管理员打声招呼，跳上了出租车，直奔台北车站。

在高铁上听着窗外的嗖嗖风声，我昏昏欲睡。原本我想打个盹儿，但心想："回程时可就不能打瞌睡了，因为那时候已经很晚，怕回家睡不着……"这时，我的脑子里闪过"回家"这两个字时……一阵晴天霹雳，我从头皮麻到脚底，爆出一身冷汗。回家……回家！天哪！钥匙！！就在这时，手机响了。老婆的声音冷到结霜："钥——匙——在——哪——里？！"

那一晚，可怜的老婆不得不带着两个孩子在外面"流浪"大半天。跟邻居借厕所，帮小孩换尿布。当我晚上终于赶回家，见到他们三人在门口疲惫等候的样子，恨不得趴在地上，跪地磕响头了！

我想我真是个糊涂蛋！我难道没把家人放在心上吗？为什么前一刻还在提醒自己的事，后一刻就忘得一干二净呢？

这，就是粗心大意惹的祸。若不那么严重时，我们还可以安慰自己：还好我忘记的只是钥匙，不是更重要的东西！但是，真的就有父母因为这种粗心大意而酿成悲剧。

根据统计，光是在美国，每年夏天平均约有 40 个小孩在车上中暑致死，因为自己的父母亲停好车就走了，把他们忘在车上！但父母亲怎么可能会那么粗心大意呢？那是自己的心肝宝贝呀！其实，任何人都可能会犯这种错，不分学历、智商、家庭收入。

为什么会这样呢？这不是靠多吃银杏、喝咖啡提神就能解决的问题，而是一个"习惯"加上"分心"所造成的状况。

人的粗心大意，基本上能分为三种原因。

首先，是因为你在"恍神"。比如说因为睡眠不足、压力大、精神状况不好，就容易出错。

其次，是"闪神"。这种状况通常发生在你很忙的时候，尤其是同时要处理好几件事时，就更容易分心。

而第三个原因，也是多数人不知道，但其实是最大的一个原因：因为你正在"省电"。

什么？是的，你没听错。就像手机电量低时，就进入了节电模式。你的身体也会为了节省脑力，进入省电状态！人的大脑才不到两公斤，但消耗的热量却是全身的五分之一。所以它也会像计算机和手机一样，追求更长的待机时间，其中一个方法，就是靠建立"习惯"；因为一件事只要开始熟练后，许多动作就能被"自动化"，不需要花太多脑力思考。

举例来说，我问你：你今天刷牙了没？对大部分的人来说，这问题够无聊的，因为起床后本来就会刷牙啊。这一套动作已经是习惯了，不需要思考。就像你上班、上学习惯走的那条路，久而久之，你就算是一边讲电话、吃东西，都能走对路回家。

根据南加州大学心理学教授 Wendy Wood（温迪·伍德）的研究计算，一般人的生活中，有四成的行为属于惯性动作。它的好处是，让我们一天多了不少时间放空，不会一出门就累瘫了，而且还让我们能够"一心二用"。坏处是，当我们在执行惯性动作时，也很容易忘记不在习惯中的事。

就像一开始我差点害妻小流落街头的故事。从我家里坐出租车赶高铁的流程，从叫车、出门下楼，到看到出租车出现，都已经做了有数十遍，已经成为习惯，其中还包括跟管理员打个招呼，再一气呵成地跳上车，结果竟然把钥匙的事情忘光光！

想要对抗这种顽固的惯性回路，不是不可能。第一，务必睡饱了，放松心情，保持良好的精神状态。第二，一天开始的时候，先温习一下当天的行程，或是把要做的事情先写下来，计划处理的顺序，并且定时检查。第三，如果你知道有一件事并非平常的习惯，你要在计划中刻意制造一些关卡来打乱你的习惯。

比如说：你今天要带宝宝出门，平常不习惯这么做，你可以先把钱包和手机放在后座孩子的安全椅旁边。这样，你下车的时候找不到钱包和手机，就不会忘了还有孩子。或有重要数据一定要带时，你可以在前一晚睡前故意把手机放在资料上，或把包包放在你平常不会放的位置，让这些刻意的动作成为一个小插曲。

还有一个建议，我发现很管用。我现在就常在手机上设定闹钟，取代我的 to do list（待办事项）。因为我发现，to do list 需要不断察看，但往往 to do list 是"不要忘了在某个地方或某个时间做某一件事情"，这就是最容易在惯性回路中忘掉的。所以现在我设闹钟，设的时间，就是我差不多要做那件事的时候。

例如，如果要把钥匙交给管理员，我就会计算自己什么时候八成会到楼下坐出租车，然后设定闹钟在那个时候响起。闹钟响了，打断了我的惯性回路，这时就想起来该做什么了。即便是万一我已经坐上车了，起码也还来得及折返放钥匙。

试试看吧！理解自己的粗心大意，透过预先的设定，你也可以解决省电模式所造成的迷糊问题，一起摆脱生活中的不理性。

你为什么愤怒?

以前在大学时，我参加过一个表演课程，是剧场界的一位资深演员来带领我们。除了一些集体即兴和剧场小游戏外，我印象最深刻的，是她教了我们两种相反的表演方法。

一种是由内而外。大家可能听过一个词，叫作"method acting（方法演技）"。比如说你今天要演亲人去世的情节，你要难过落泪。但你本身没有这样的经历，可是你多的是失恋的经历。那么在你表演的当下，就在内心召唤这个被男朋友或女朋友甩的过去，让观众看到你流露在外的情绪。或者你要演被歹徒吓坏的人，就想象一只蟑螂爬过你的脚。这是由内而外。

另一种，刚好相反，是由外而内的技巧。比如你借由暴力的肢体动作，像是摔东西、对空气挥拳、怒吼，最后，你心中真的充满了愤怒。你借由这个被外在动作点燃的愤怒去做表演，但本来你的内心并没有那股火。

由内而外、由外而内这两种技巧可以相辅相成。有一次，我的角色要边骂脏话边摔两个黑箱子（黑箱子在剧场常常用来代替桌椅之类的道具)。但我越摔越生气，又连砸了附近的三个黑箱子。砰！砰！砰！老师说我的确很愤怒，但这是失控的演出。我承认，我的确失控了。

那天下课，我回想自己的表现，又不太清楚为什么自己会这样。是因为我太入戏了吗？这在舞台上应该是好的吧？还是因为那些动作，激发了我原本就压抑的愤怒呢？后来，透过心理学的阅读，我有了一个解释，而且，得到一个跟平常的认知有点相悖的结论：发泄不仅无法让情绪消散，有时候反而会更加强内在的情绪反应。

这个表演课程——尤其当我练习由外而内发展情绪时——让我体会到情绪化的动作，虽然一开始只是外在表现，比如哭丧的脸，但最后真的会引起相应的内在情绪。

这种外在与内在情绪的关系，在心理学早期就被观察到。100 多年前，美国心理学之父 William James（威廉·詹姆斯）就认为，我们不只是因为快乐，所以会笑。我们会快乐，是因为我们在笑。意思是说，我们因为情绪而做出的行为，也会成为我们情绪的来源。这个关系是相互的。

不过后来因为行为心理学的盛行，有很长一段时间，西方心理学的主流意识认为人的行为是"由内而外"单向的，在这个背景之下，就衍生了"发泄可以治疗情绪"的概念。如果你愤怒，那就大吼、狠狠砸东西，当你的行为能够与内在的状态达到一致时，那就会减轻你的情绪反应。但问题是，这不总是有效，很多时候反而还使人变得更情绪化。

现在我们知道了，控制情绪，不能只是靠压抑，也不能只是靠发泄设法摆脱它，而是要与自己的情绪和平共处。绿巨人浩克就是一个很好的比照。以前的浩克无法控制他的愤怒，是一颗不定时炸弹。班纳一直想压抑自己内心的怪兽，所以就特别畏缩，但这样的畏缩让他更容易被欺负，于是，迟早会爆炸，害人害己。

后来的班纳学会了如何与自己的愤怒相处。当其他英雄问班纳如何保持冷静，托尼——钢铁侠则对他说：我相信你有使两者共处的方法。也就是作为意识的班纳，并不是去压抑浩克，而是去习惯浩克。

还记得《复仇者联盟》结尾大战外星怪物那段吗？美国队长跟班纳说："现在是你开始愤怒的好时候了！"班纳回答他："I'm always angry!"然后就变身为浩克了。这代表愤怒的浩克一直存在，只是在班纳的掌握下。班纳只需要把自己煽动起来，就随时可以爆炸。

在漫威的宇宙里，我们需要浩克的愤怒再愤怒来打败超级反派。但在现实生活中，这种刻意让自己失控的愤怒，造成的往往不只是对象的毁损，还有关系的破坏。

回过头来说，当我们生气的时候，要如何有效地降低怒气呢？如果你对一些事感到愤怒，情绪很久也没法平复，反复想着那些事，甚至影响了睡眠和胃口；或感到自己的愤怒太强烈，令心神不能集中，不能有效地思考问题，无法控制言语上的冒犯或行为上的暴力，甚至很容易迁怒，把自己的愤怒转嫁到无辜的人身上，那么，你已经有了"愤怒管理问题"。这时候，要怎么办？

当我们生气的时候，信息会从大脑边缘系统发出，往下传到脑干，刺激交感神经，造成心跳加速、血流增加、肌肉紧绷、肾上腺素分泌，全身进入"逃跑或打斗"的预备状态。除非你真的要打或是要逃，不然就要想办法减轻这些生理压力。

你可以尝试深深地、缓慢地吸气吐气，练习"腹式呼吸"。腹式呼吸可以带动横膈膜上的迷走神经，它会牵动副交感神经，压抑交感神经，让心跳变慢。不是每个人都能一下就抓到那个感觉，之前我的瑜伽老师教过我一个简单的练习方法，就是先躺下来。因为当人躺下来呼吸的时候，基本上用的就是腹式呼吸。

如果你很生气，却没有地方让你躺下，怎么办？你可以试试"紧绷再放松"的技巧。紧握拳头，尽量多用力，感受一下拳头紧握时的感觉；然后放松拳头，感受一下手掌放松时的感觉。重复以上的步骤，直到冷静下来。也可以尝试紧绷、放松身体的其他部位，比如脸。让脸用力皱成一团，把牙齿咬紧了，然后再放松，把嘴巴张开来好像要打哈欠一样，观察紧绷和放松时感觉上的差异。

如果你是个想象力丰富的人，不妨想象自己身处一个令你放松的地方。比如一个没有人的海滩上，要海风轻拂的那种。想象自己看到什么、听到什么、闻到什么，脚踩在面粉般的细沙上，是什么感觉。不喜欢海？那就想象清晨的高山森林吧！尽量真实地想象全身的感受，直到能够冷静下来。等到情绪平稳了，能够理性思考了，再去想是什么事让我们如此愤怒，这件事值得吗？可不可以换个角度去看待同一件事？或许下一次当我们遇到类似的事时，我们就能够不再那么愤怒了。

我们也要时时提醒自己，那由外而内的演戏技巧，是能够由假而真的。所以，你可以表达你的不满，但不要去做那些很大举动的愤怒行为，以免给自己火上浇油。因为愤怒是伤身又伤心的。相对地，我们也可以利用这点，让情绪变好。

我有一个朋友，她是一个看起来很开朗的女孩。后来更熟悉了以后，发现她并不像表面那么无忧无虑，有很多细腻的小心思。而且可能是单亲家庭长大的缘故，她对人不是很信任。

有一次她告诉我她怎么处理负面的情绪，她会对着镜子笑。努力挤出一个笑容。让面部肌肉自己去运作。然后一整天，她会提醒自己带着这个笑容。她的肌肉会带动体内的情绪，而快乐的信息也会透过肢体回传到脑里。逐渐地，心情真的变好了。

最后，想提醒各位的是，愤怒虽然是负面的情绪，但没有愤怒，我们也无法捍卫正义；没有愤怒，我们也无法对抗不公平的待遇，保护自己该有的权益。所以，愤怒是重要的，只要它不失控。所以在最后，我想引用诺贝尔文学奖得主君特·格拉斯的一段话，是一位文坛老前辈跟他说的。他说："如果我们将来老了，并非必须变得有智慧，而是要保持愤怒。"

我想，我们都知道此愤怒非彼愤怒，而是一种自觉和正义感。

你以为冷静就是好?

1977 年 3 月 27 日, 一架载满了乘客的波音 747 正准备从加那利群岛的 Tenerife (特内里费岛) 机场起飞。当时跑道上有浓雾, 能见度很低, 连塔台也看不清楚跑道上的状况。

机长问是否可以起飞, 听到塔台回复 OK, 于是就油门全开, 在跑道上高速奔驰, 准备升空。但问题是, 塔台并没有说 OK, 机长听错了。而且, 当时在跑道上还有另外一架波音 747, 载满了乘客, 装满了油, 等着要起飞。两架飞机完全不知情, 而因为浓雾, 塔台看不到跑道, 也不知道灾难即将发生。当两架飞机在浓雾中看到彼此的时候, 已经来不及闪躲了。

第一架飞机紧急升空, 底部擦撞到停在跑道上的飞机, 削出一个大洞, 100 米后坠落地面, 炸成一个大火球。而且, 当消防队抵达现场的时候, 只看到第一架飞机的火势, 竟然不知道浓雾中还有另一架飞机在跑道上着火, 有人在那里还活着!

其中一名乘客海克先生, 叙述当时的混乱: 他跟太太正坐在位子上等待起飞, 突然一阵巨响, 整个机舱顶被掀起来了, 碎片四处乱飞，大量浓烟涌进，火焰伴随着熔化的塑料从四处滴下来。他立刻解开安全带，跳起来对太太大喊："快跟着我来！"夫妻两人移向紧急出口，那里全是火，机舱的左侧只剩一个大洞。海克先生抓着太太的手就往外跳，跳到飞机的左翼，再从那里落到地上，赶紧离开跑道的范围。过了没多久，整架飞机就爆炸了。

这就是 Tenerife Airport Disaster（特内里费空难），至今仍然是死伤最惨重的空难事件。两架飞机一共 583 人罹难，生还者只有 61 位。但事后的调查，始终有个疑点：在地面上的飞机爆炸前，还有好一阵子的时间，而且多半的乘客都没有在两架飞机擦撞的时候受伤，那又为何没来得及逃生呢？

海克夫人后来向调查人员叙述当时的状况非常诡异。她说，事情发生的当下，她看着四周的火焰，心里竟然感到出奇地平静，仿佛这一切不是真的，直到听到先生大喊"快跟着我来！"时才回神。

而当她逃向出口的时候，回头一看，这景象她一辈子也忘不掉：她看到另一对认识的夫妻，两人还系着安全带，端正地坐着，嘴巴微微地张开，动也不动，像是在看电影似的。而很多其他的乘客，竟然也都还这么坐着，那是她见到他们的最后一面。

其实，早在 Tenerife 空难发生的 10 年前，美国的空安训练中心就发现了这个奇特的现象：在紧急状况中，有些乘客会理智逃生，有些会惊慌失措，而有些人则会异常地冷静，甚至处于麻木的状态。他们给这个现象取了一个名字：negative panic（反向惊慌）。许多紧急救护人员都知道这个诡异又危险的状况，而且根据统计，紧急事件发生的第一时间，10 个人里面有 7 个都不会立刻行动，这不但错失关键的逃生机会，也很可能会连累其他人。

为什么会这样呢？科学家还在找答案，有一个可能，就是大脑一时受到了太多刺激而反应不过来。另一个可能就是自己无法接受突然改变的现实。

2015年6月，在新台北市八里区的八仙乐园，发生了很严重的粉尘爆炸意外悲剧。那是一场舞会，参加的都是年轻人。主办单位为了助兴，用二氧化碳压缩气大量喷洒颜色粉末，但易燃的粉尘疑似接触了火源而瞬间燃烧成一片火海，当时舞会正处于高潮，舞池里挤满了身体，火虽然只燃烧了十几秒，却造成了15人死亡，484人灼伤。

事后，我访问了几位生还者，他们当时刚好在舞池的边界，没有被火焰波及，很幸运地逃过了一劫。但也很奇怪，他们跟我说，当时现场一片惊慌和惨叫声，但其中几个同伴竟然还老神在在地四处张望，说找不到自己的拖鞋。这很可能也是"反向惊慌"的体现。

我自己也经历过这种现象，不过是其他的原因。有一次去客户的公司开会，会议进行到一半，突然觉得有点晕，然后楼开始摇得愈来愈厉害，原本做简报的人也停下来了。

有人说："地震。"

"是啊，地震。"

"还不小。"

"嗯。"

大家互相看着彼此，手摆在桌上，好像准备要站起来，却没有人动。十几秒过去，摇晃减弱了，这时候原本做简报的人又继续开始讲简报。奇怪了，只要在台湾生活的人都学过：遇见地震，正确的求生做法就是要立刻离开窗边，躲到桌子下面并抓住桌脚，蹲低保护头颈。但长达半分钟的地震，会议室里的同事只是你看着我，我看着你。

遇到紧急状况时，我们往往以别人的反应来决定自己该怎么反应，该主动的时候反而被动。如果别人偏偏也都是没事的样子，我们也就说服自己"还好，没事"。

于是大家都装作没事，但明明就是有事。今天跟你分享这些可怕的故事，是要让你知道"反向惊慌"是个很真实、很普遍，又非常危险的不理智心理现象。它可能在紧急状况时，发生在你我身上，或是身边的亲友身上，我们要如何保护自己呢？

首先，就是要做好心理准备。

Tenerife 空难的生还者海克先生小时候曾经从失火的戏院里逃出来，这件事给了他很大的惊吓，所以每次到一个新的环境，他都会特别留意紧急出口的位置。

那天在飞机上，他先阅读了椅背的安全指示卡，还先把出口指给老婆看，所以在第一时间，他的脑袋里已经有了必要的信息，能够立即行动。现在你就知道为什么每次飞机起飞前，空服员一定要费口舌解释紧急应变措施了吧？

我父亲小时候，家里也曾经失过大火。当我父亲从火场逃出来的时候，眉毛都被烧焦了。因此，每次出外旅行时，一走进旅馆房间，他一定会先看门后张贴的楼层图，看好逃生梯的位置。

日本的防灾学者也强调，让人有正确的求生能力，最有效的方法就是演习。日本的学校有震灾、火灾和水灾演习。孩子们甚至还会练习穿着日常出外游玩的便服和鞋袜在池子里踏水，让学生知道穿着衣服掉到水里的浮力与重量跟平日只穿泳衣有什么不同。万一孩子真的遇溺了，起码有个体感的印象，让他记得要怎样脱险。

所以，我建议，如果你住在一个公寓大楼，请跟管理人员说，务必要每年给整个小区做紧急演习，而且要真正演习，不要只是测试警报系统而已。如果你住的地方没有这种措施，那你最好跟家人自己做演习。还有，建议你在家里备妥紧急救援包，而且要固定拿出来盘点，并确保全家都能在紧急状况中快速找到它。

紧急状况随时会发生，我们无法预测，但我希望告诉你的，就是"光保持冷静还不够"。因为人在紧急状况中可能会展现出奇的冷静，但那只是伪装自己的慌张，也是一个致命的不理性反应。

为什么好事反而会勾起坏念头?

还记得自己小的时候参加毕业典礼时，总是开心得不得了，眼看自己就要摆脱充满束缚的学校阶段，往未知的旅程迈进，心里就充满了兴奋；但一转眼，看见同学们，心里面突然又涌现一股悲伤。眼看自己过去三四年一成不变的日子就要改变了，同学们未来也将各奔东西，大家都要分开过自己的人生了，想到这里，心里就默默觉得难过，眼角还流下了一点眼泪。

如果是这样的情境，你绝对不会觉得很奇怪，我们总是一则以喜，一则以忧。从表面来看，这是一种情绪很纠结的状况，但放在一个毕业典礼当中，就很容易说得通开心是为了什么，难过又是为了什么。

那你是否想过，自己怎么会在相同的心境之下，表达出不同的情绪？这就是心理学家所说的，在同一个事件中、同一种诠释方式、同一种经验，却同时有两种情绪的表达。

就像有时候，当父母看到孩子做出一番成就时，内心非常开心，表情也是喜悦的，但开口却会说些尖酸刻薄的话。他们或许会说："哎哟！看不出来你这次运气蛮不错的哟！"或是"哎哟！我早就说过就算不够聪明，但只要努力就会有机会嘛！"父母或许会以为这是在鼓励你，或是表达出他们也注意到这件值得开心的事，但事实上表现出来的话语，可能放在哪个人身上都会是一种让人不舒服的口吻。

你也一定觉得很奇怪，怎么会有人看见值得让自己开心的事情，另一方面又好像要讲点什么让你难过似的。这种一方面与让自己快乐的人、事、物相处，表达快乐之情，但另一方面又在内心出现负面、带有批评、怀疑，甚至攻击行为的现象，经常出现在我们的生活之中。

我们或许会以为别人就是有意的，他就是看不惯、嫉妒或是不信任，但也有可能有别的原因，这个原因很单纯，可能就是我们心理预设的情绪机制。它会自然出现，不假思索地用这种方式应对，除非你很用心地检视自己的行为，避免这种不一致的行为现象出现，不然，一定会时常犯这样的毛病，让别人摸不着头脑。

情绪这件事有这么一个诡异的机制，从生活调适的角度来看，这个机制其实是帮助我们，让我们可以维持在一种心情平衡的状态下。怎么说呢？耶鲁大学的研究教学组织几年前发表了一篇研究论文，他们发现，有很多人看见可爱的动物，内心却会冒出一种"好想捏死它"的念头。他们觉得很奇怪，也进行了一系列研究去讨论这种奇怪的状态。这些让自己觉得很"萌"的动物，很容易让我们觉得被逗乐了、被治愈了，但在研究中，出现照片不久之后，却让这个人从"好可爱"的正面感受，竟然会转向"好想捏死它"的负面情绪。这样古怪的内在矛盾，让许多人不禁怀疑自己是"隐藏性的变态"。

但研究者并不认为是这样。他们认为，我们之所以会产生这样矛盾的想法或情绪，是因为我们的大脑，只要在同一时间承受某种大量相同或类似的情绪之后，就会自动产生某种平衡机制，让大脑从想法或是行为上，产生负向情绪来平衡状态。另一种可能是，这些让我们觉得正向的状态，会激发我们原始的保护潜能，让我们产生某些攻击性行为来保护现有的正向情绪。

这或许可以解释，为什么父母在听到孩子有所成就后，不是跟着孩子绕圈圈大声欢呼，而是总在一旁浇冷水，好像在警告这没什么好开心的，或是风险随时都在，你要当心！他们的内心自然地产生了这样的矛盾机制，使他们用让人不舒服的言语，保护着当下突然涌上心头的喜悦。看起来，大脑就是会这么自然地产生这样的反差，不论是出于平衡自己的状态，还是出于自动地保护自己所获得的成果。

经过研究者的解释，我们应该可以看开一点，不需要为了自己在快乐或看见别人在快乐时，产生那些负面的想法而觉得内疚，总觉得自己是心理变态，才会这样思考。但如果我们真的太频繁地产生这种反差，那该怎么办呢？

通常这样的现象是当我们开心兴奋时，很快地在脑海中产生焦虑、担忧或是罪恶感，甚至是各式各样负面的想法。我们脑海中有大量闯入性的思考，让自己反而在快乐中开心不起来，甚至觉得痛苦，成为一个不知道怎么开心下去的人。闯入性的思考是我们常常焦虑不安，或是担忧的主因。而且，许多人也会害怕，当自己想某件事情想得越多，这件事情就越有可能会发生。会不会我们想着不好的事情，想到最后走火入魔，反而造成了那种伤害自己和别人的行为呢？

这个现象叫作"思考行动融合"，不常见，但也不是不可能。比较值得担心的，反倒是当我们有这种想法，然后又很焦虑于这种想法的时候，内心觉得纠结又自责而导致闷闷不乐的状态。有些人认为，当自己想到某件事情时，在道德上就等于自己已经做了那件事，例如在《旧约》里的"传十诫"中，就包括这么一条："不可贪恋人的房屋；也不可贪恋人的妻子。"如果自己是个虔诚的教徒，看到别人住的豪宅，别人美丽的妻子，心里有了嫉妒，那岂不是已经犯了大忌吗？因为有些人觉得在道义上"我这么想，就等于这样做了"，所以会造成许多内心的纠结和苦闷。这种精神压力是对自己有伤害的，尤其是如果你把它污名化，以内疚的心态试图把它消灭。但这就像自我的心理霸凌一样，你越重视它，它反而就越嚣张。

如果先了解到我们前面提到的情绪机制，就可以让我们先认清，之所以会有这些奇奇怪怪的念头，可能只是我们大脑里的基本情绪平衡机制，没有什么变态可言。但真正让这些念头扭曲为变态的原因，反而是我们后面提到的思考行动融合，我们觉得想就等于做了，而在重重的矛盾和自责之中，反而做了不理性的举动。

了解了这样的理论之后，下次你就可以看淡那些闯入你脑海中的奇怪想法。就算有什么怪想法，也只是想法而已，大脑本来就会有各种非理性的歪念头，就像是我们无法控制自己做梦的内容一样。看淡了，这些念头就失去了力量，重点是我们在为人处世上，还是一个理性、正直的人。

多给自己一些自信

你觉得"自信"这件事情有多重要呢？想必大部分人都会认为非常重要！我也同意，有自信的好处其实非常多，在现代社会当中，自信最直接的应用场景，应该就是在工作上。如果你在工作的时候可以保持自信，不只做起事来事半功倍，别人也会更相信你所做的事情。

不过，有的时候，我们就是没有办法维持这种"自信"。总是有一些时候，在别人眼中你好像过得顺风顺水，但你内心深处却总是觉得自己不管做什么好像都卡卡的。一些以前做得得心应手的事情，现在怎么做都不顺。你跟别人分享，他们都觉得还好，一切没有问题。但你在内心深处却觉得一直有问题，好像你什么都做不好，别人越安慰你，越称赞你，你反而越是不安，害怕自己只是一个虚有其表的人。

情绪有高有低，有时候，我们总是会遇上低潮。这很正常，但是有时候这种低潮会伴随一种自我批评和自我怀疑，认为自己是一个没有能力的人，自己就是虚有其表。状况严重的时候，你甚至会以为自己快要得抑郁症了。其实这种突如其来的"自我怀疑"是有原因的，甚至是一种相对"普遍"的现象，特别是在工作上，我们有时候自信满满，但有时候却突然失去了所有自信，觉得自己根本是一个冒牌货、装模作样的人。这样的状态，是一种心理特征，心理学家称之为冒充者综合征（Imposter Syndrome）。

研究显示，冒充者综合征的比例还真是不少呢！高达七成的人在一生当中都会多少有一段时间经历过这样的心理状态，尤其在被一般人认为有天赋的高成就人士之中，比如中高阶主管，更是出奇地普遍。

那么，什么是冒充者综合征呢？这是一个主观的感觉，形容的是当一个人觉得自己的功成名就不是属于自己的，而是靠运气或其他外来因素得来的，生怕被别人看穿自己是个山寨品、是个伪装者。特别是一件事情进行得顺利成功的时候，我们在内心深处总觉得自己不适合、不恰当。有一种自我怀疑，好像自己在骗人一样。

《哈佛商业评论》就曾经整理过几种常见的冒充者综合征的想法，第一种是"害怕失败"。有时候这样害怕失败的恐惧太过强烈，即使你把事情做得很好，你还是会心情不好，因为总觉得哪里还是会出错，很怕被发现。

第二种想法是觉得自己"不够格"。当你被赋予某个职务、任务的时候，对老板来说，可能是对你的某种肯定，但你却觉得自己其实是不符合、不够格的。这样的想法也会造成深深的焦虑。

第三种想法是一切只是"运气好"而已。这些人认为自己的表现完全是因为运气，而不是自己的能力，眼前的事情能够顺利完成，不是自己能力多强，而只是单纯走运。所以导致这些人往往不敢尝试新的东西，因为他们害怕自己下一次就没有这么好的运气了。

那么，冒充者综合征会对我们的生活产生什么影响呢？影响可大着呢。它会影响到我们的睡眠、饮食，甚至健康。

还记得一开始我问你的问题吗？你认为"自信"有多重要？自信的重要程度远远超过你的想象。我们在生活中能够完成"一件事情"，关键不仅在于能力，更重要的是在于"信心"。心理学大师阿尔伯特·班杜拉认为，我们每个人都有自我效能，也就是一种"我相信自己可以完成某个任务或是某个行为"的态度。

当你相信自己可以做到这些行为时，你就会有动机让自己真正去完成。而当你真正完成一件事情之后，你也会回馈自己一种"控制感"，让自己下次更放心地去执行任何事情。

信心，其实关乎我们日常生活中每一个小决定，同时也能使我们释放压力。所以当我们对自己没有自信，产生了冒充者综合征时，我们不只是自我怀疑而已，还可能影响到完成某些事情的决心，进而产生各式各样的懊悔与自责。为了避免自己落入这种负面循环，不要让自己产生自我怀疑，有些小方法我们可以来尝试看看。

第一步是"觉察问题"。任何调整自己的开端，都是从发现问题开始的，所以下次当你出现这种"自我怀疑"的想法时，你要先提醒自己"哦！我又开始这样想了"。这个提醒就像启动开关一样，告诉你自己需要对这样的状态有些阴影。

第二步，你要尝试去"调整心态"。或许你太在意事情的成败，而成败也是常态，你需要更专注过程，做每件事的过程中能学习到的事情，即便挫败你也要把握到过程中值得改善的经验。

第三步则是"产生对话"。当你有太多负面的想法产生时，可以启动自我对话，跟自己说：偶尔缺乏信心是很正常的，你需要稍微放松一下，放松时表现会更好，或是尝试着跟你信任的伙伴讲讲你脑海里浮现的负面想法，让他给你一些鼓励与回馈。

有时候会突然觉得自己不行，可能是环境的因素影响，或许是你碰到了比你更认真的人，或是你发现事情并没有像自己想的那么简单。这时候你或许应该认清自己事实上学到了更多的真实现况，而非一直在自己能力方面钻牛角尖。对自己仁善一点，把得失心稍微降低一些，多注重学习，而非成败。即便成败影响剧烈，也必须让自己知道，这其实不是世界末日，不需要全盘否定自己。如果负面思考太强，就去寻求朋友的支持与鼓励，或许会更直接。

最后你可以重新去想，如果事情做完了，成功了，会得到什么丰富的果实，也提醒自己，要成功，唯有自己用冷静与专注的方式去面对任务，而这些自我批评都只是绊脚石而已。试着用这些方法来帮助自己克服冒充者综合征，我们都可以有自信地面对生活中的大小事。

反复检讨自己是非理性反刍思考

前几个礼拜，有个朋友跟我抱怨她最近一直很烦恼小孩的事情。她发现自己的小孩好像在阅读上面比较慢，很焦虑地开始每天观察小孩，后来发现小孩在读书的时候，总是专注力不佳，看了许久都读不了几行，学习成效也不好。

她没有开口问小孩的状况以及去研究可能的原因是什么，是心情不好，还是太过疲惫？不过，她陷入了自我检讨的深渊之中，开始不断地问自己：是不是过去自己做了什么错误的示范，导致小孩学习状况不好，没有养成好习惯，或是营养不足，或是小孩某次生病没有好好处理，导致小孩的脑部发育比较慢之类的。她想来想去，越想越不开心，最后觉得："啊！自己真是糟糕的父母，自己真是一无是处啊！"

我们有时候好像都会这样，碰到了挫折、压力，就开始自我批评，但真正让人困扰的地方在于，当思绪停不下来，让我们一直想一直想，白天心不在焉，晚上也睡不好，我们一直问自己："怎么会这样呢？"继续纠结这件事情。当我们发现问题，尝试找出解决方案的时候，这是一种反思、一种自我检讨。但是，当我们想的是各式各样无法改变的情节，或是臆测各式各样我们无从判断正确性的可能时，这种自我检讨可就是"非理性的反刍思考"了。也就是我们好像把一个难以下咽的东西吐出来，但又吞回去，吐出来，但又吞回去。这样的反反复复，成为一种恶性循环。

这种非理性的反刍思考，包含着的常常不是真正的自我检讨，而是一些自我批评、负面情绪、郁闷的懊悔与喃喃自语。可以想象这种无止境的自我懊悔、猜想与推测，不仅无助于我们面对压力的情境，更会让我们陷入压力的状况之中，而且越陷越深。甚至也可以说，这样非理性的反刍思考，就是我们许多人无法跳脱抑郁症的主要原因之一。

许多研究发现，当我们长时间在反刍思考的状况下，不仅自尊会越来越低，对自我的认同也会越来越模糊，亲密关系越来越疏离，对工作与家庭的承诺也无法好好维系。也就是说，我们困在自己的思考世界之中，无法自拔了！与此同时，也牺牲了与身边的人健康互动的机会。

今天就让我们来理解并解决这些固着在自己身上的情况。首先，请想象一下，我们是如何产生想法的？我们要对某件事情产生反应，就必须先发现某件事情，是吧？同样，我们的想法来自我们注意到了某件事情。这件事可能是家人的一句话、长官的一件交办事项、朋友的一个小疏失等等。当我们注意到这件事情之后，会开始产生某种直觉性的感受，也会快速地对这件事情产生评价和判断，想法也就孕育而生。每当面对压力时，我们会感到焦虑，随之而来的想法与评价可能是比较负面的，这时候也就会进一步做出一些比较负面的反应，可能是继续想，或是想逃避一切，等等。

第一种停止我们思考的方法，就是从上述的第一阶段下手，也就是从我们的注意力下手。研究发现，这也是最常被建议的方法，就是所谓的"思考停止技术"。

当你有负面想法出现时，马上想一个暂停的符号，例如在内心想出一个大大的、会在马路上出现的、红色的STOP（停）的标志，让这个视觉符号能够快速提醒你的潜意识。这时，再马上补进一些能够让你变得开心或正面的想法，可能是一句鼓励的话，或是某段别人鼓励你的记忆。

我们也可以用某些让自己分心的事物来提醒自己，例如，手上绑一条绳子或橡皮筋，每当有负面想法的时候，就把绳子拉一下，让自己的想法稍微中断。这些方法都是用某个外在物品来让自己中断现在的思考，也就是所谓的快速脱钩（rapid disengagement）的技巧。重点在于，你脑海中的注意力要如何重新分配。

快速脱钩的技巧，就是在注意力开头的时候就打断这个思考历程，重新导向自己的注意力。当然，这个技巧在日常生活中比你想象的要来得困难许多，通常你需要经过大量的重复练习，更好的状况是有专业人士在旁边引导你做。

另外一种做法比较高端，我们不用调整注意力的方法，而是从我们感受事情与诠释事情的角度来下手。举个例子，有各式各样的方法可以训练我们如何在反复思考之中慢慢接纳我们所碰到的问题。而所谓的接纳，就是你正面迎向各种负面或正面的事物。就是你是用直接、不闪躲、不逃避的方式来面对你现在的状况，当然，不闪躲也就代表你不再为自己找借口，也不用过去来评判当下。

正念的练习，就属于这个概念。正念，让每个人用不评断、专注自我觉察的方式来面对自己的状态。最简单的正念练习，就是从闭上眼睛、观察自己的呼吸开始。深呼吸几下之后，想象自己站在一条河旁边，河中有很多叶子，就像是脑海中的思绪。想象自己静静地看着这条河，从脑海中抓出那些乱窜的杂念，然后，把它们放进面前的河水之中，随着那些其他的叶子，让这些杂念顺着河水漂走，漂出眼界。

过去的研究发现，长期的正念练习能够降低我们因为受到刺激而产生的无论是生理还是心理的反应。另外一个好处，就是我们通过正念练习，让自己能够面对，但不批判，用这个方式来培养一种冷静观察的态度。你会发现，负面想法与生活的压力其实就是生活的一部分，就像是细菌都在我们周遭，但你有抵抗力，也就不会轻易地受到感染而生病。

当然，当我们用中立的态度看事情的时候，也预留了许多空间给自己调整心态，而不至于冲动行事，心理的弹性也就会表现得越来越好。所谓的接纳，可以说是一种心理状态的重新设定，帮助自己先把各种人、事、物归位，先不去帮它分类评价，而是更客观地让各式各样的事情囊括在生活中，接纳而不闪躲，反而更容易处理。

一开始，接纳对很多人来说或许很难。所以许多人刚开始会先选择所谓的思考停止技术，也就是我们前文讲到的快速脱钩的技巧，先把某些注意力的渠道关闭，让自己先专注于那些你觉得无害或是正面的事物上，就像有些人难受的时候会大量运动，是同样的道理。但自始至终，即便能够脱钩，最终还是要回归到面对现实，因为唯有面对真实的状态，才能在内心慢慢去除对这些不良想法的敏感度。

或许你可以把这些概念当成一种日常提醒，每次的提醒也都可以是一段有效的练习，过一段时间，再回头看看自己的功力如何。希望你会发现，自己已经不知不觉地、自然渡过了许多情绪的难关。

态度决定质量

我相信很多人都有过网购的经历，一件上千元的衣服在网上卖却只有十几元。你明明知道它一定不是正品，但你还是愿意去买，商家也知道消费者明白这个道理。所以一个愿打，一个愿挨。

再来就是平时你和朋友约会，原本计划的是下午两点钟见面，但是你知道你的朋友一定不会准时到，所以你也就开始拖拖拉拉，滑滑手机，看看购物网站，化化妆，再夹个头发出门坐车到约定的地点，已经3点钟了。这时，你看到你的朋友也刚到。你们俩会心一笑，心照不宣。

让我们也来回想一下念大学的时候，如果没有课，你是不是会躺在宿舍里面打打游戏，和朋友聊聊天，或者干脆就躺在床上废一天！我们通常把以上的现象叫"摆烂"。而这是一种恶性循环，我们连"好"的回报都不期待了。我们觉得我这么烂地对待关系、工作或是待办事务，别人回给我很"烂"的关系或对待也是刚好而已。

这就如美国小说家 Joseph Heller（约瑟夫·海勒）所写的："有些人生于平庸之中，有些人只有平庸的成就，但有些人拥抱平庸。"我们不是时时刻刻都想要追求卓越或是进步，但真正让我们关心的是为什么我们有时候会觉得平庸或是摆烂就好，而不想要面对那些能让自己进步或超越的可能呢？

哲学家 Gloria Origgi（格洛丽亚·奥里吉）认为，在人与人互动中产生了一种现象，一种类似经济学的现象，也就是在我们互相交换资源的过程当中，我们开始接受彼此用最低质量的内容交换给别人，而我们也同样以低质量的东西交换回去。用白话讲，就是我给你烂东西、烂行为、烂态度，你也甘之如饴地回给我烂东西、烂行为、烂态度；我拥抱平庸这件事情，也只想用平庸想象自己的人生，你也接受同样用平庸的条件来要求我，或是要求自己如何去面对我。

造成这样的现象，原因很简单，开始你可能只是尝试降低自己的压力，想说这一次就稍微放水一点。没想到跟你对应的人不仅没发现你放水了，可能还给了你鼓励，久而久之就形成了一个恶性循环。你开始降低标准，而对方也刚好不在乎你降低标准，彼此就建立了一个摆烂的循环。当然有时候是因为你付出了 200% 的努力，响应你的人把你跟只付出 50% 努力的人当成同样一种人，而你才发现原来只要 50% 就够了，那何必那么辛苦？降低标准吧！这样比较轻松。

虽然这种关系是不好的，但又可以建立互信基础的人际互动状态，也是为人处世的润滑剂。或是该说我们把打破承诺当成常态了！所以我也不遵守承诺，你也不遵守承诺，没付出，也没失落，双免。你能跟老朋友的关系维持至今；你能跟生意伙伴把酒言欢，称兄道弟；你对低薪水的工作也甘之如饴，而老板至今没把业绩很差的你炒掉，摆烂学功不可没。它让你们双方的心理承受力都达到了某种平衡，大家嘻嘻哈哈，心照不宣，你好我好大家好。

但从宏观的角度来看，舒适圈带来的后果就是，你找不到真正能让你快乐起来的人、事、物，讨厌这个世界也是必然。不管是友谊、爱情、亲情、利益，大家都是山寨版的爱好者，都热衷于二流交换，都欣然接受二流成果，因此而构成一个全民共犯系统。如同胡适先生在《差不多先生传》里所写的："……大家都称赞差不多先生样样事情看得破，想得通，大家都说他一生不肯认真，不肯算账，不肯计较，真是一位有德行的人；于是大家给他取了个死后的法号，叫他做圆通大师……他的名誉越传越远，越久越大。无数无数都学他的榜样。于是人人都成了差不多先生。"

生活中总是懒散的人比拼命的人多，自私的人比在乎公益的人多，这些在社会中不断出现的负面状态，就让我们有好的理由不去在乎自己的状态。也是因为"别人都这样，我为什么要强出头"的想法，让追求平庸或是摆烂不会有罪恶感，反而是一种从善如流的行为。你或许会跟自己说一声："我也只是为了过日子而已，得过且过嘛！"

但先别管别人怎么做，是懒散，还是自私，是不在乎，还是没诚信。你的生活关乎你自己想要什么样的质量。当你想要顺着这些社会常态时，你或许会一时很舒适，没有压力，但在回顾自己的生活质量时，你可能会很难面对这一切，而且大家都平庸、都摆烂的生活绝对不是我们想要的生活。

但只要有一方打破这种循环，整个系统平衡就会受到干扰，而这个干扰之中，也会制造机会，让人开始正视问题，或许制造一个台阶，让大家都能够开始改变，矫正这个系统里的摆烂状态。

绝对不要小看一个人的力量！虽然说一个好经理或主管能够调整一个团队的效率，改正一些恶习，但是，几个特别有责任感，选择不摆烂的小蚂蚁，也有机会能够拉起整个团队的效率。

如果你觉得自己的人生卡住了，是因为大家都卡住了，大家都在摆烂的话，就把那些负面念头标示出来，先放在一旁，今天，就找一件可以让自己骄傲的事情开始做吧！做一些改变，不要跟着大家一起颓废。大家得过且过，你这一关就不能过，但也不要邀功，免得招来别人的嫉妒，只要多做一点，起码对得起自己。

跟爱迟到的朋友约，你就还是准时到，也不用责怪他们。几次之后，他们看你每次都准时，自己应该也就会更注意时间观念了。多多正视自己追求进步的心态，相信很快就能脱离这个摆烂的循环。而别人也能因为你的不摆烂而受惠。

我们不想要不明事理。把不理性当成理性，把自己的溃败当成自己的常态，无论如何，我们的内心，都还是有一股渴望成长、追求自主、自我实践的心理需求，而这样的需求唯有被满足，才能够让我们在生活中有真正的快乐。

别忘了时时提醒自己：跳脱舒适圈，别顺应摆烂，这不只关乎你，也关乎你的团队、你的社会。你怎么要求自己，也就会换回什么样质量的生活。改变，就从自己开始吧。

江山易改，本性难移：学会规划

大家总是说我们要从失败中吸取教训，犯错不可耻，可耻的是我们一直犯同样的错误。显然我们都可以接受每个人犯错，但要学会不要再犯错，那可是件更重要的事情。

话虽如此，如果我们每一次都会吸取教训，那就不需要提醒了，对不对？

但偏偏人就是这么不听自己的话，环顾四周，就会发现好多人会一而再，再而三地犯着相同的错误，就算被骂得狗血淋头，还是无法改变。

我有个朋友，最近找到了一份新工作，但有一件事情他一直被老板念叨，就是他总是会迟到。刚好老板又很强调守时，他刚到职就黑掉了。事实上，这个毛病一直以来都是如此。他的上一份工作也是在主管暗示下离职的，当然原因很多，但迟到绝对是其中一个关键。主管甚至在他离职时，劝他一定要改掉这个坏习惯。痛定思痛之下，他会改善一阵子，但终究还是老毛病，好像永远改不掉一样。

所以"江山易改，本性难移"，是因为某种人格缺陷吗？确实，我们从小到大，养成了不少习惯，有些好，有些坏，有些甚至根深蒂固到可以说是我们"个性"的一部分。但即便个性难改，它也不能算借口，或者说你不能让它成为一个借口，说"我就是这样""我这辈子改不了啦"。我们还是可以学会维持我们自己的独特个性的，但要修正自己不理想的行为。

今天，我提供一个建议给你参考：要从错误中学习，要看你如何"回想"过去的错误。2016 年，有一篇在《消费心理学》期刊发表的研究，就在讨论为什么我们总是犯同样的错。学者做了许多实验，发现一个现象，光是回忆这些过去犯的错误，我们其实不是帮助自己检讨，而是像不断自我提醒一样，加深那个印象，使我们更容易再去犯同样的错。

通常我们认为"痛定思痛"只是想着"哎呀！自己怎么那么蠢，不要忘记这个教训！"，然后一直告诉自己，下次一定不要这样就好了！但如果我们没有延伸去检讨，下次这种状况出现时，我们应该要怎么做？如果我们没有在脑袋里进行修正的彩排，那我们最熟悉的那个行动脚本就还是那个犯错的脚本。而这个脚本，最容易在我们自制力下降的时候自动上演。有时候光是在脑海里看着自己犯错，不会让我们更谨慎，反而让我们心情不好，自制力更是会下降，这时候就更想要放纵自己。

有烟瘾的朋友们知道，光是去想到抽烟，就会想要抽烟。而且戒烟时，想到没有烟抽的日子，那痛苦的感觉往往需要一根烟才能解决。这也是为什么许多人会冲动地购物，回家后看着自己买的东西，后悔不已。但下一次出门时，痛定思痛，想到这次一定要克制自己，再买就把手给剁掉！结果呢，你一天的行程就在低潮中启动，最后忍了一整天，经过一个大大的 SALE（减价出售）招牌时，哇哦，这时候你告诉你自己，今天还是好好犒赏自己，别让自己不开心了！

你可以想想看，那些你经常会犯的错误，那些毛病，通常是冲动之下最容易犯错，对不对？你心急的时候反而会迟到，你不开心的时候更会冲动购物、暴饮暴食，这些都是在你大脑里面比较强的行为联结。在那个着急疲惫的当下，你很难去想到这些短视的行为会如何伤害你长期的未来目标。

而你又选择采取这些不好的行为，虽然知道它们不好，但两难的部分也就是因为当你做了这些事情，当下让你能够逃避一些不舒服的感觉，所以你才一直铤而走险。

如果我们要学会教训的话，该如何思考呢？心理学者建议我们：如果想要不再重蹈覆辙，不是要一直想犯错过程，而是要跳脱这个错误，直接去思考你在未来该如何修正，才能避免犯同样的错。

举例来说，如果你经常迟到，你应该想着自己对工作的期许是什么。你如果希望提升职务，那就要建立准时的习惯。你也要寻找迟到的原因。是因为路程太远？那么就一直思考如何优化这个通勤的过程。如果是因为拿不定主意要穿什么所以晚出门，那就前一天把衣服配好，而且要一直练习这个过程，直到养成习惯。如果迟到是因为你总是睡不好，那是不是就该研究一下，睡前如何更容易入眠呢？

如果你是常常冲动买东西的人，就不要一直想着"我怎么一直乱买东西呢？我怎么可以这么糟糕呢！"，而是跳开这个犯错的事实，想一想自己的钱要如何规划。自己下个月，或是明年有没有什么安排需要用到钱的？你想要装修一下房间，还是出国散散心？还是为自己预订一个一直想要上的课程呢？如果有，那想想看这个未来的行程需要多少资金，需要如何筹备。或者尽量把手上的资金与信用卡减少或放在家里，或干脆找个人帮你保管。当你要买东西时，想想你那些未来的规划，鼓励一下自己，这才是比较有建设性的提醒。

英文有这么一句谚语，Insanity is doing the same thing over and over again and expecting different results（疯子才会一直做同样的事情但期待不同的结果）。之前这句话都被冠上爱因斯坦的名字，但经过查证，发现作者不详。不过重点不是谁说的，而是它的含义。如果你一直用同样的想法督促自己，但还是改不掉老毛病的话，那就应该考虑换一个想法了。问对了问题，就能找到对的答案。寻找对的方法，才有机会扭转那些顽固的习性。

要现在停止犯错，那就先从对未来的规划开始吧！

我为什么没办法专心做一件事？

你一定碰到过这种情况，跟朋友聊天，他一边在滑手机，你说完了一句话，过了好几秒，朋友才突然梦醒似的，两眼迷糊地问你刚才说了什么。你很想打他是吧？

"你专心一点好不好?！"

其实人家不一定是故意的，改天说不定就是你在做同样的事。因为我们现在的生活充满了信息，很容易分心。统计发现，一个人在一般的办公室环境，平均每12分钟就会被打扰一次；大学课堂上的学生们，平均每3分钟就会分心一次。看来"无法专心"已经成为现代人的通病了！

美国脑神经专家 Adam Gazzaley（亚当·格萨雷）和心理学家 Larry Rosen（拉里·罗森）最近出了一本书，叫 The Distracted Mind: Ancient Brains in a High-Tech World（《专注：把事情做到极致的艺术》）。根据他们的研究，专注力，是分别由两种不同的功能所构成的。第一种是负责把重要的信号放大，这个叫

enhancement，也就是"增强"；另一种功能则是把多余的信息过滤掉，这个部分叫 suppression，就是"抑制"，压抑的"抑"。当我们在专心的时候，需要"心无旁骛"，需要同时把各种噪声抑制下来，同时放大我们要专注的信息。

以前，心理学者都以为增强和抑制是一体两面，但最新的研究却发现，它们是两个完全不同，而且独立运作的系统，甚至在大脑中是由各不相同的部位在主管的。任何一个系统出了纰漏，我们的专注力都会受损。

我们年轻的时候——20 岁是专注力平均最强的年龄。虽然你自己当时可能并没有那么感觉。像是我，20 岁时正在读大学二年级，我觉得自己的专注力大概跟一只松鼠差不多吧！

上一次我的母校举办毕业同学会，我回去参观 20 年前住过的宿舍，这个时候发现，天哪！我都忘了学生宿舍这么吵，各种音乐、聊天的声音、笑声、脚步声、关门声，实在非常嘈杂。能在这种环境里念书写报告，还真是只有 20 多岁的学生能办到啊！

我们的专注力随着年龄增长确实会递减，有意思的是，研究发现，40 多岁的我们跟 20 多岁的我们，在"增强"的系统上不会有什么明显的改变，但是"抑制"力，也就是把噪声压下来的能力，倒是会随着年纪越大而变得更弱。所以，难怪常会听到老人家说："这餐厅太吵了，我吃不下饭。""我正在看报纸，你电视开小声一点好不好？"你现在可能觉得老人家太敏感了，但说不定你到那个年岁，也会跟他们一样！

专心，不只是一种精神状态，也是一种身体状态。

比如说，每当我们想要回忆一些东西、细节的时候，常常会不自觉地眯起眼睛。这是为什么呢？因为，这个微妙的自然反应，正是一个"抑制"的表现。当你的眼睛闭起来的时候，你的大脑自然就不用花太多力气在过滤它所看到的画面上，因此你就多了一些"带宽"来回忆跟思考。

Adam Gazzaley 和他的团队就设定了三种状况，让人接受记忆测验：第一种是面对一张缤纷的图片，第二种是面对一面灰色的墙，第三种是闭上眼睛。果然，当人面对一张缤纷的图片时，对于许多细节的记忆能力和专注力，就不如面对灰墙或是闭上眼睛来得好。

这告诉我们什么？当我们有一件重要的事要做时，如果要心无杂念，最好先让自己旁无杂物。即便你觉得桌上乱七八糟没关系，反正你视而不见，但其实你的大脑还是得要花力气去过滤掉这些信息，而你的整体专注力也会因此而受到影响。

下次，开始专心工作前，先花几分钟把桌子清干净吧（当然，不要用这个来当拖时间的借口）。你也应该维持计算机桌面的整齐，像是很多软件程序现在可以用"全屏幕"模式，把桌面上其他的小图案都隐藏起来，让你只看到眼前的工作。我个人觉得这个效果很好。而且还有一个很简单的调整，会大大提升你的效率，那就是把手机和你的计算机的通知信息通通关掉，让你工作的环境少一些杂音。

如果你工作的环境很吵，连耳塞都不太管用，那我建议你戴上耳机，但不一定要听音乐。效果更好的会是听一些自然环境音，例如虫鸣、鸟叫、雨声、海浪声，这些声音很好，因为它们能盖过其他杂音，本身也不会太占大脑的"带宽"，还能有让人放松的效果。

当然，我们除了要帮助自己的"抑制"系统，也需要锻炼

"增强"的系统。

这有几种方法。研究发现，"冥想"是一个很好的训练。闭上眼睛，静坐十分钟，专注在缓慢地呼吸，不要想任何事情。虽然它是静态的，好像只是放空，但你如果真的试过，就会发现，你需要很专心才能放空。

科学家请一群公司职员每天花 30 分钟做正念冥想。8 周之后，发现大部分人反映有明显的效果，大脑的活跃度和协调性增强，情绪变得比较稳定，该专心的时候比较能够专心，不会心浮气躁。

另外一个方式，就是"接近大自然"。大自然环境对于人的专注力和记忆力都有很好的疗愈效果。有许多研究证实了这个现象。其中有一个研究让学生做很多需要脑力的习题，把他们的专注力几乎耗尽之后，第一组学生到大自然散步，第二组学生到城市里散步，第三组学生纯粹休息，回到实验室之后，发现在大自然散步的学生的专注力恢复最多。还有研究发现，光是看一张充满绿意的大自然图片，都会有一点帮助，所以，不妨换一个大自然图片的计算机桌面图吧！

讲到计算机，有一些计算机游戏，也可以帮助人们训练专注力。但不要太兴奋哟！不是每一种游戏都有帮助。第一人视角射击类游戏，就是所谓的 FPS 这些比较有视觉性、有临场感的游戏，比较有助于训练专注力，可能是因为这些游戏的场景多变而且需要在混乱之中快速寻找目标。科学家计划在未来能把这种游戏结合互动和冥想，用一些动态和静态交替的训练，来让人的大脑维持最佳的专注状态。

让我总结一下：如果你要增强专注力，需要同时兼顾增强和抑制两个系统。要帮助自己抑制，就要尽量简化自己的工作环境。因为你的视觉、你的听觉，都能联动到你的大脑。请帮帮自己的大脑，除了远离诱惑，还可以给它一个更好的空间。给自己一点空闲的时间静坐冥想，走进大自然，看一些绿意，让大脑能休息恢复。当你都做到了这些，也请记得，任何练习都需要时间才能看到成效，不要总是期待当下就有结果，否则反而会给自己更多的压力，让自己分心。

先把专注练习变成你生活中的习惯。别害怕，因为缺乏专注力不是一种缺陷，专注力也是可以被训练出来的！

为什么吃不到葡萄要说葡萄酸？

从前，有一只狐狸从山野里跑出来。在路上，它看到一串又大又饱满的葡萄长在果树上。"这葡萄一定很好吃！"狐狸心想。第一次，它尝试爬树，但爬到一半就掉下来了，摔得屁股相当痛。然而，第二次、第三次、第四次，也都失败了。于是它在下面看呀看，最后得出一个结论："这串葡萄，一定是酸的！"

相信这个故事大家一定都听过。但你知道吗？这样的情形不只发生在故事中。

有一个相当重要的心理学概念，叫作 cognitive dissonance（认知失调）。

这个概念来自心理学家 Leon Festinger（利昂·弗斯廷格）。他在 1957 年的著作《认知失调论》中提出，当我们做一件事情，得到的结果跟本来的预期不一样的时候，我们心里就会产生一种矛盾，这很不舒服。为了消除这样不舒服的感觉，我们则会出现三种反应的方法：

第一种，就是改变自己对行为的认知。比如我们以小狐狸的故事为例，小狐狸就会告诉自己，其实我没有真的很想吃葡萄，只是尝试看看而已。

第二种，是改变自己的行为。于是，小狐狸就真的不吃葡萄了。

第三种，是改变自己对结果的看法。所以，小狐狸才会告诉自己，这串葡萄，一定是酸的！

我们往往会发展出一套故事，来合理化自己的行为。假设你是一个老烟枪，知道抽烟很不健康，每次拿起烟的时候，也会在烟盒上面看到警示语。于是"我抽烟"与"抽烟是有害的"这两件事情相互冲突，怎么办呢？我们就说服自己，比如说："我抽烟是为了提升精神，让我的工作更有效率，这样家人才会过上更好的生活。所以其实我抽烟不是为了我自己，而是为了工作和家庭！"听起来很没有道理，但你要怎么跟老烟枪讲道理？他早就知道该戒啦！

Festinger 教授也做了一个实验证明这个认知失调的现象。他找了一群人，让他们花一个小时，去做一件非常无聊的事情，比如把组装好的积木拆开，再重新组装，一个小时就不停地做这件事。这群人被分成两组，一组人在离开的时候获得了 20 美元的酬劳，另一组人呢，则只拿到 1 美元的酬劳。学者在最后，询问了这些人的感想。拿到 20 美元的人，普遍认为这是一个非常无聊的活动。但拿到 1 美元的人就不一样了！他们之中竟然有不少人表示，这个活动非常有趣，而且深具教育意义！

怎么解读这个结果呢？因为 1 美元实在太少了，跟这些人所付出的力气完全不成正比，所以这些人为了减少心里的认知失调，就改变了对活动本身的态度：这么无聊，又没什么酬劳，一定是特别有意义的活动啦！

还有一些组织，也充分利用了我们这种矛盾心态，例如，有一些直销公司。当你加入的时候，上线会跟你描述一个美梦，跟你说有多少成功的前辈提早退休了，在环游世界，多少朋友因此改变了一生。当你被这些美梦吸引后，他们会告诉你，要达到这个目标之前，你需要先投资！你现在愿意花多少钱，未来就能获得数倍，甚至数十倍的回报！

所以一旦你付出了，就会产生一种想法：因为是自己辛苦付出的东西，所以更有价值！这样的状况也是认知失调的一种，社会学家称之为 Effort-Justification Paradigm（努力辩证典范）。

认知失调，不分贵贱，连精明的学者也会上当。

1954 年，美国有一位家庭主妇忽然告诉大家，她接收到外星人对人类的预言！预言说，当年 12 月，大西洋海域的海水会激升，淹没整个世界，想要得救，唯一的办法是虔诚地向某一位上帝祈祷。后来这位家庭主妇找上了一位专门研究外星人的博士，两人召集了一群信众，有些人甚至变卖家产，为末日做好准备。这样的行为引起了社会的注意，而 Festinger 和他的同人也觉得非常有趣，便混进去观察。

到了预言末日的那一天，一群信众苦苦祈祷，但一整天过去了，海水没有涨起来，世界也没有毁灭。但是信众们并不认为预言是假的，反而告诉大家：是因为他们的虔诚感动了上帝，才没有洪水发生。事后有人专访那位博士，他说："我已经付出那么多，为此努力这么久，我没有选择，我必须相信啊！"

这样的状况，在生活中比比皆是，新闻上每天会看到。不只是个人，甚至股票投资、企业经营，也会看到这样的倾向。企业老板往往会被自己错误的判断给套牢，他们拒绝承认自己做的决定是错的，所以只好继续错下去。

看到这里，你可能会想说，那要怎样去避免这样的认知失调呢？从个人层面看，最重要的就是去承认、正视并且面对问题。

国外有句名言说："认清问题，就是解决问题的一半。"孔子也说过："知之为知之，不知为不知，是知也。"老子也说："知人者智，自知者明。"解决任何问题的第一步，就是承认那里有问题。其实，只要我们愿意承认并且正视问题，正视自己的矛盾和失调，承认自己做错了决定，多数的不理性后果就能够被理性讨论。

失败并不可怕，懂得承认自己的无知，是另外一种聪明。但承认与正视问题，都需要勇气与技巧。当你下次遇上失败或结果不如预期的时候，先别急着下结论，请先问自己三个问题：

1. 我现在的感觉如何？你的感觉是最真实的反应，也最为重要，你不需要欺骗自己的感觉，你觉得开心就是开心，你觉得难过就是难过，重要的是去接着问自己，为什么我会有这样的感觉？

2. 我真的尽力了吗？如果分析完所有可以努力的地方，你都尽到你100分的努力了，那么，不如就释怀接受结果吧！如果你发现你没有尽力，那就下次再努力一点。

3. 如果这件事情不是发生在我身上，而是发生在别人身上，我会怎么想？我又会怎么做呢？你会发现，其实很多时候，都是我们自己给自己造成了莫大的压力。

如何解决认知失调？就是要勇敢并且诚实地面对自己。

代表性捷思：抱歉，你猜错了故事的主人公

　　想象一下：你今天开车上班，大老板要来，你一定得要准时！但眼看快要迟到了，你不断变换车道、超车，测速照相也没时间搭理，就是为了在 8 点 59 分 59 秒之前赶到。办公室就在眼前，再过一个路口就能安全上垒了！

　　偏偏这时候，你被一辆龟速行驶的车子挡住。你狂按喇叭，它也根本没反应，眼前的黄灯转红，这下好了，这个路口的红灯足足有 99 秒！你只能眼睁睁地看着时间嘀嗒嘀嗒地走，今天一路上的奔驰都白费！你心想："前面的车真该死，一早就触我霉头，开得那么慢……一定是个女人！"

　　你为什么会觉得开车开得慢的就一定会是个女性呢？

　　这种现象在心理学中被称为"代表性捷思"，指人们在未知的情况下，会按照事情是否"代表"某一种刻板印象来推断结果。代表性捷思并不一定出自恶意，也不一定带有情绪。它只是我们在众多信息中为了方便，所以做了一些假设，只不过自己都没察觉，自己的认知其实顶多只是个假设而已。因为这个世界太复

杂了，我们无法对每一件事情都了如指掌，为了让自己过得轻松一点，我们就会用代表性捷思，这是难免的。在很多情况下，它的确让我们能够更迅速地推断出结果，但有时候也会造成严重的偏差，尤其容易忽略事件的基本要素。

举例来说：今年45岁的John已婚，并有一对子女，他的个性保守、谨慎，并且很有进取心。他对社会与政治议题不感兴趣，休闲时喜欢自己动手做家具和玩益智游戏。John是30位工程师与70位律师样本群中的其中一位，请问，你认为John更可能是工程师还是律师呢？选好了吗？如果你像大部分的人一样，认为John是个工程师的话，那恭喜你，你被代表性捷思给误导了。

的确，John的种种条件似乎符合人们对工程师的刻板印象，但那只是刻板印象而已啊！事实上，我也说了，样本群里有70位律师，但只有30位工程师，John可能是律师的概率其实是70%，所以照理来说，John更可能会是律师才对。统计学中有个"大数定律"，但人们在被代表性捷思误导时，往往会信奉"小数定律"，也就是不管样本数量多小，人们总认为它能反映出整体状态。

我们再试一次：你觉得内向的人成为图书馆员的概率高，还是成为超商店员的概率高？答案是：成为超商店员的概率比较高。想想看，以整个社会来看，超商店面比较多，还是图书馆比较多？所以超商店员比较多，还是图书馆员比较多？

明白了吗？今天无论是什么人，成为超商店员的可能性都比较大。如果你因为"内向"两个字就觉得答案会是图书馆员，那就是被代表性捷思给误导啰！

　　回到一开始的故事，许多人都听过，马路有三宝：女人、老人、老女人。所以在马路上遇见让你无法苟同的人时，你会直觉认为："这驾驶员不是女人就是老人！"但大家不要忘了：男性开车肇事的比例比女人高出许多，也就是因为有更多的男性在开车呀！

　　其实说明白一点，即便在当今自由开放的社会中，因为种种文化态度先入为主的影响，涉及年龄、性别、职业、种族、国籍、宗教、社会阶级等的议题仍然深深影响着我们对他人的性格、能力、潜力的评价。

　　之前，我在 TED.com 看到了一段演讲，是有关"深藏在职场中的偏见"的。

　　演讲者 Yassmin Abdel-Magied 是一位自小移民到澳大利亚的穆斯林女性，包着头巾的她是位赛车工程师，不但有自己的车队，还是训练有素的拳击手。她突破了许多刻板印象，但她也认为，潜意识偏见使得社会劳动力缺少了多元性，普罗大众还是以特定性别观看待某些职业。

　　例如这个故事：一对父子发生了严重的车祸，父亲当场死亡，儿子受了重伤被送到医院急救。到了医院，外科医生看到了重伤的男孩，愣住了，说："我没办法给这个患者动手术……他是我儿子啊！""欸，不对啊！父亲不是已经在车祸中身亡了吗？"故事说到这里，请问你会立刻想到这位外科医生其实是男孩的母亲吗？

　　以上我分享了许多关于性别的刻板印象，再来以职业为例好了，你还认为老师总是文质彬彬、社工充满爱心、商人伶牙俐齿、军人威风凛凛？这就是对不同职业者的刻板印象，但并不代表所有从事这些职业的人都拥有这种特质。刻板印象将群体的主要特征典型化，降低社会认知的复杂性，简化人们的认知过程，有助于我们适应生活环境。但当你对某一群人形成了刻板印象，就容易产生偏差，造成先入为主的成见。这种偏见一旦形成便很难改变，不但阻碍了人们对新事物的了解，更会阻碍人与人之间的正常认识和交往。

虽然要改变负面的刻板印象并不容易，但通过多交各种不同背景的朋友，对人、事、物展现好奇心，多多旅游，认识这世界的不同文化，我们还是有机会建立更多元的认知，对抗我们之前所预设的刻板印象的。

图书在版编目（CIP）数据

停止你的精神内耗：先完成，再完美 /（美）刘轩
著 . -- 长沙：湖南文艺出版社，2022.11
ISBN 978-7-5726-0848-3

Ⅰ. ①停… Ⅱ. ①刘… Ⅲ. ①心理学—通俗读物
Ⅳ. ①B84-49

中国版本图书馆 CIP 数据核字（2022）第 182348 号

上架建议：畅销·心理学

TINGZHI NI DE JINGSHEN NEIHAO：XIAN WANCHENG, ZAI WANMEI
停止你的精神内耗：先完成，再完美

著　　者：[美] 刘　轩
出 版 人：陈新文
责任编辑：刘雪琳
监　　制：毛闽峰
策划编辑：周子琦
文案编辑：周子琦
营销编辑：刘　珣　焦亚楠
封面设计：利　锐
版式设计：李　洁
出　　版：湖南文艺出版社
　　　　　（长沙市雨花区东二环一段 508 号　邮编：410014）
网　　址：www.hnwy.net
印　　刷：河北鹏润印刷有限公司
经　　销：新华书店
开　　本：875mm × 1230mm　1/32
字　　数：263 千字
印　　张：8.5
版　　次：2022 年 11 月第 1 版
印　　次：2022 年 11 月第 1 次印刷
书　　号：ISBN 978-7-5726-0848-3
定　　价：49.00 元

若有质量问题，请致电质量监督电话：010-59096394
团购电话：010-59320018